安全生产检测检验机构
能力确认技术

■ 中国安全生产科学研究院 编

中国劳动社会保障出版社

图书在版编目(CIP)数据

安全生产检测检验机构能力确认技术 / 中国安全生产科学研究院编. -- 北京：中国劳动社会保障出版社，2018

ISBN 978 - 7 - 5167 - 3681 - 4

Ⅰ. ①安… Ⅱ. ①中… Ⅲ. ①安全生产-检测机构-资格认证-技术培训-教材 Ⅳ. ①X93

中国版本图书馆 CIP 数据核字(2018)第 198391 号

中国劳动社会保障出版社出版发行

(北京市惠新东街 1 号　邮政编码：100029)

*

三河市华骏印务包装有限公司印刷装订　新华书店经销

787 毫米×1092 毫米　16 开本　10 印张　181 千字

2018 年 9 月第 1 版　2018 年 9 月第 1 次印刷

定价：38.00 元

读者服务部电话：(010) 64929211/84209101/64921644

营销中心电话：(010) 64962347

出版社网址：http://www.class.com.cn

编写委员会

主　　编　李双会

副 主 编　潘　锋　马守业

编写人员　贺建国　李双会　田　军

王晓东　李曙光　田　帅

内 容 提 要

本书介绍了安全生产检测检验机构能力确认的发展简况和基本原则，重点论述了安全生产检测检验机构能力确认时，对安全生产检测检验机构管理能力和技术能力确认的关注点、能力确认现场评审程序、评审方法和技巧及对有关问题的处理等能力确认技术，附录为安全生产检测检验机构资质认可评审报告格式。本书由中国安全生产科学研究院组织编写，可作为安全生产检测检验机构能力确认的指导用书，以及安全生产检测检验机构从业人员的参考用书。

前　言

2007 年 1 月 31 日，国家安全生产监督管理总局发布了《安全生产检测检验机构管理规定》（安全监管总局令第 12 号），用以规范安全生产检测检验机构资质管理工作。2010 年 9 月 6 日，国家安全生产监督管理总局发布了 AQ 8006—2010《安全生产检测检验机构能力的通用要求》，作为安全生产检测检验机构资质认定评审的依据。为加强安全生产检测检验机构资质审批和评审管理，保证资质评审工作的规范性、统一性、公正性、有效性，规范评审专家的工作行为，2011 年 1 月 29 日，国家安全生产监督管理总局印发了《国家安全监管总局关于印发安全生产检测检验机构资质审批程序和资质评审专家管理规则的通知》（安监总规划〔2011〕21 号）。2018 年 5 月 22 日，中华人民共和国应急管理部发布了 AQ/T 8006—2018《安全生产检测检验机构能力的通用要求》，于 2018 年 12 月 1 日施行，该标准是对安全生产检测检验机构能力确认的依据。为引导安全生产检测检验机构能力确认活动规范运作，中国安全生产科学研究院组织编写了《安全生产检测检验机构能力确认技术》一书。

本书可作为安全生产检测检验机构能力确认的指导用书，也可作为安全生产检测检验机构从业人员的参考用书。

本书共分为 5 章，内容包括：概述、能力确认基本原则、管理能力确认关注点、技术能力确认关注点、能力确认现场评审技术，并附安全生产检测检验机构资质认可评审报告格式。

在本书编写和审定过程中，中国安全生产科学研究院、中国合格评定国家认可中心、长沙矿山研究院有限责任公司、煤炭科学技术研究院有限公司、北京科正平工程技术检测研究院有限公司以及在安全生产检测检验领域颇有造诣的专家给予了认真审查与指导，提出了许多宝贵意见和建议，在此表示衷心感谢。

由于时间仓促，难免会有疏漏之处，恳请广大读者不吝赐教和指正。

编　者

2018 年 8 月

目　录

第一章　概　　述

第一节　能力确认有关术语和定义

一、安全生产检测检验

安全生产检测检验是指安全生产检测检验机构根据《安全生产法》第十三条、第三十三条、第三十四条、第三十七条、第六十九条等相关法律、法规和规章的规定，依据有关标准规范进行安全性能检测检验，为安全监管监察部门、安全评价机构、认证机构和生产经营单位等客户出具具有证明作用的数据和结果的活动。

二、安全生产检测检验机构

安全生产检测检验机构是指依法设立的从事安全生产检测检验的专业技术服务组织。

三、安全生产检测检验机构能力确认

安全生产检测检验机构能力确认是指安全生产检测检验评审专家，依据 AQ/T 8006—2018《安全生产检测检验机构能力的通用要求》等相关标准规范，对安全生产检测检验机构的管理能力和技术能力等实施的评审、评定、审查和考核等活动。

第二节　能力确认的发展

安全生产检测检验涉及我国各个行业，特别是煤矿、金属非金属矿山、危险化学品、烟花爆竹等作业条件复杂、危险性较大、对设备或作业场所安全性能要求高的高危行业。对安全生产检测检验机构的能力确认经历了如下几个阶段。

一、国家经济贸易委员会管理阶段

为了加强对煤矿矿用安全产品检验工作的管理，规范煤矿矿用安全产品检验工作，

保证检验质量，保障安全生产，2002 年 10 月 8 日，国家经济贸易委员会第 34 号令，发布了《煤矿矿用安全产品检验管理办法》。为贯彻执行《煤矿矿用安全产品检验管理办法》，原国家安全生产监督管理总局办公室会同国家煤矿安全监察局办公室，以安监管司办字〔2002〕78 号文件，将《煤矿矿用安全产品检验管理办法》转发各省、自治区、直辖市以及新疆生产建设兵团的安全生产监督管理部门和煤矿安全监察机构。随之原国家安全生产监督管理局启动了煤矿矿用安全产品检验机构资质认可的相关准备工作，包括确定“煤矿矿用安全产品检验机构资质认可评审依据”，制定“煤矿矿用安全产品检验机构资质认可工作方案”，设计“煤矿矿用安全产品检验机构资质认可评审报告及其附件”和“煤矿矿用安全产品检验机构资质认可证书”格式等。2003 年 9 月正式启动了第一批申请甲级资质的煤矿矿用安全产品检测检验机构的资质认可评审工作，2004 年 5 月正式启动了第一批申请乙级资质的煤矿矿用安全产品检测检验机构的资质认可评审工作。

二、国家安全生产监督管理总局管理阶段

2007 年 1 月 31 日，原国家安全生产监督管理总局（以下简称原国家安全监管总局）发布了《安全生产检测检验机构管理规定》(安全监管总局令第 12 号)，将煤矿矿用安全产品检验机构管理制度拓宽到金属非金属矿山、危险化学品、烟花爆竹等行业，进一步明确了对安全生产检测检验机构管理的要求，对于建立、健全安全生产检测检验体系，规范安全生产检测检验资质审批及检测检验行为，加强对安全生产检测检验机构的管理，更好地发挥检测检验对安全生产的技术支撑作用具有重要意义。

为贯彻实施《安全生产检测检验机构管理规定》，规范安全生产检测检验机构资质管理工作，提高对安全生产检测检验机构能力确认工作的科学性和有效性，2007 年 2 月 12 日，原国家安全监管总局以安监总规划〔2007〕28 号文印发了《安全生产检测检验机构资质认定评审通用准则》及《安全生产检测检验机构资质认定申请书》。

2010 年 9 月 6 日，国家安全监管总局发布了 AQ 8006—2010《安全生产检测检验机构能力的通用要求》，自 2011 年 5 月 1 日起实施，作为安全生产检测检验机构资质认定评审的依据。为加强安全生产检测检验机构资质审批和评审管理，保证资质评审工作的规范性、统一性、公正性、有效性，规范评审专家的工作行为，2011 年 1 月 29 日，国家安全监管总局印发了《国家安全监管总局关于印发安全生产检测检验机构资质审批程序和资质评审专家管理规则的通知》(安监总规划〔2011〕21 号)。

三、应急管理部管理阶段

2018 年 5 月 22 日，应急管理部发布了 AQ/T 8006—2018《安全生产检测检验机构

能力的通用要求》(以下简称 AQ/T 8006—2018)，并于 2018 年 12 月 1 日施行，进一步加强了安全生产检测检验机构能力确认工作。

截至 2017 年 12 月 31 日，全国已获批准的安全生产检测检验机构共有 270 余家，其中具有甲级资质的检测检验机构 34 家，具有乙级资质的检测检验机构 236 余家，检测检验行业领域覆盖煤矿、金属非金属矿山、陆上石油开采、危险化学品、烟花爆竹、劳动防护用品等。这些检测检验机构通过安全生产检测检验，为生产经营单位安全生产提供技术服务，为安全监管监察部门提供执法依据，为生产事故调查提供物证分析依据，为涉及生命安全、危险性较大的设备设施、产品的安全可靠性提供安全认证技术依据，为安全生产设施验收、安全评价提供综合分析、判断的依据等公正性数据，为我国安全生产形势的好转发挥了不可替代的作用，成为国家安全生产重要的技术支撑体系之一。

第三节 能力确认的法律依据

安全生产检测检验机构能力确认具有明确的法律依据，《安全生产法》《矿山安全法》等都对安全生产检测检验工作进行了明确规定。

一、《安全生产法》

第十三条规定，依法设立的为安全生产提供技术、管理服务的机构，依照法律、行政法规和执业准则，接受生产经营单位的委托为其安全生产工作提供技术、管理服务。

第三十三条规定，安全设备的设计、制造、安装、使用、检测、维修、改造和报废，应当符合国家标准或者行业标准。生产经营单位必须对安全设备进行经常性维护、保养，并定期检测，保证正常运转。维护、保养、检测应当做好记录，并由有关人员签字。

第三十四条规定，生产经营单位使用的危险物品的容器、运输工具，以及涉及人身安全、危险性较大的海洋石油开采特种设备和矿山井下特种设备，必须按照国家有关规定，由专业生产单位生产，并经具有专业资质的检测、检验机构检测、检验合格，取得安全使用证或者安全标志，方可投入使用。检测、检验机构对检测、检验结果负责。

第三十七条规定，生产经营单位对重大危险源应当登记建档，进行定期检测、评估、监控，并制定应急预案，告知从业人员和相关人员在紧急情况下应当采取的应急措施。

第六十九条规定，承担安全评价、认证、检测、检验的机构应当具备国家规定的资质条件，并对其作出的安全评价、认证、检测、检验的结果负责。

二、《矿山安全法》

第十五条规定，矿山使用的有特殊安全要求的设备、器材、防护用品和安全检测仪器，必须符合国家安全标准或者行业安全标准；不符合国家安全标准或者行业安全标准的，不得使用。

《矿山安全法实施条例》第四十四条规定，矿山安全监督部门可以委托检测机构对矿山作业场所和危险性较大的在用设备、仪器、器材进行抽检。

三、《行政许可法》

第十二条将“直接关系公共安全、人身健康、生命财产安全的重要设备、设施、产品、物品，需要按照技术标准、技术规范，通过检验、检测、检疫等方式进行审定的事项”列入行政许可的范围。

四、《煤矿安全监察条例》

第二十四条规定，煤矿安全监察机构发现煤矿矿井通风、防火、防水、防瓦斯、防毒、防尘等安全设施和条件不符合国家安全标准、行业安全标准、煤矿安全规程和行业技术规范要求的，应当责令立即停止作业或者责令限期达到要求。

第二十八条规定，煤矿安全监察机构发现煤矿矿井使用的设备、器材、仪器、仪表、防护用品不符合国家安全标准或者行业安全标准的，应当责令立即停止使用。

第三十三条规定，煤矿安全监察机构及其煤矿安全监察人员依照本条例的规定责令煤矿立即停止作业，责令立即停止使用不符合国家安全标准或者行业安全标准的设备、器材、仪器、仪表、防护用品，或者责令关闭矿井的，应当对煤矿的执行情况随时进行检查。

五、《煤矿安全规程》

第十条规定，煤矿使用的纳入安全标志管理的产品，必须取得煤矿矿用产品安全标志。未取得煤矿矿用产品安全标志的，不得使用。试验涉及安全生产的新技术、新工艺必须经过论证并制定安全措施；新设备、新材料必须经过安全性能检验，取得产品工业性试验安全标志。

第二章　能力确认基本原则

第一节　能力确认基本要求和基本依据

一、能力确认基本要求

安全生产检测检验机构能力确认具有一定的复杂性和随机性，为了保证能力确认工作尺度统一，安全生产检测检验评审专家在能力确认过程中，要严格按照规定程序开展能力确认活动，尽力克服各种不利因素对能力确认结果的影响，保证能力确认工作满足如下基本要求。

1. 确保能力确认的科学性和一致性

安全生产检测检验机构的能力包括管理能力和技术能力，是其向安全生产检测检验各相关方提供有效数据和结果的实力基础。因此，资质认可机关、安全生产检测检验技术服务行业组织、生产经营单位、安全认证机构、安全评价机构等需要进行能力确认的组织正确评价安全生产检测检验机构的能力，并保证确认结果的科学性和一致性，是能力确认的首要目标。评审专家在从事能力确认工作中，要严格依据 AQ/T 8006—2018 等标准规范，按照规定程序，围绕安全生产检测检验机构申请的检测检验能力范围进行确认，确保能力确认的科学性和一致性。

2. 确保始终围绕能力确认的核心开展工作

评审专家在进行能力确认工作中，不要对一些无关紧要的细节问题或并不违反原则的问题花费太多的时间和精力。能力确认工作是一个抽样核查过程，并要求在规定的时间内完成，所以更需要紧扣能力确认主题，只要符合能力确认标准的要求，不要过多地追求形式上做得如何，要始终围绕能力确认工作的核心。评审专家应依据标准规范的要求，凭借自己的能力和经验，重点从人员、设备、方法、设施和环境条件等方面对安全生产检测检验机构的具体技术能力进行观察、考核和确认，重点从管理体系文件规定、实际运行记录、人员询问等方面对其管理体系运行的有效性进行审查和评价。

3. 必须重视安全生产检测检验机构的公正性

安全生产检测检验机构是为社会提供公正检测检验数据和结果的专业技术服务组织，

公正性是其有效服务社会的前提。评审专家应按照公正性的要求，重点关注安全生产检测检验机构是否具有公正性地位，是否能够对所有客户都采取相同的工作质量，是否具有保证公正性的机制，是否能够不受外部因素影响，客观公正地进行检测检验、出具检测检验结论。

4. 必须重视安全生产检测检验机构的保密性

由于安全生产检测检验机构工作的特殊性，不可避免地接触到客户的技术秘密和商业秘密。评审专家应按照保密性的要求，重点关注安全生产检测检验机构是否建立了保护客户机密的机制，是否能够保守客户的技术秘密和商业秘密。

5. 必须坚持以客观证据为依据的原则

以客观证据为依据是能力确认最基本、最重要的要求。在能力确认过程中，要讲客观证据，不能凭个人感情、感觉、印象用事；要追溯到实际做得怎样，不要停留在文件或口头上面；要按计划如期进行，既不要不查出问题不罢休，也不能因情面或畏惧而私自消化不符合项，或者假公济私、借机报复而夸大客观事实，乱开不符合项。

二、能力确认基本依据

AQ/T 8006—2018 是安全生产检测检验机构能力确认的基本依据。评审专家在能力确认过程中要始终按照 AQ/T 8006—2018 的规定，保证能力确认内容的完整性和评价的客观性，抓住能力确认要点，通过面谈、查阅文件、观察等方法寻求客观证据，以确认安全生产检测检验机构的各项活动和能力是否符合规定的要求。

第二节　能力确认要点

一、管理体系符合性的确认

安全生产检测检验机构管理体系的符合性包括两个方面，首先是管理体系文件（如管理手册、程序文件、作业指导书等）要符合 AQ/T 8006—2018 中的规定要求，通俗地讲就是“该写的要写到”，不能遗漏和剪裁，其次是制定的管理体系文件要执行，“写到的都应做到，做过的都应提供相关记录”。

1. 对管理手册的确认要点

安全生产检测检验机构应结合自身的具体情况和特点建立管理手册，评审专家在审查管理手册的内容时，可重点关注以下方面：

（1）管理手册的章节和条款与 AQ/T 8006—2018 的对应性和一致性。

（2）是否根据要求制定了质量方针和质量目标，质量方针是否明确，质量目标是否可测量，即是否具有可操作性。

（3）管理体系要素是否描述清楚，要素阐述是否简明扼要，文件之间接口关系是否明确。

（4）各项质量活动是否受控，管理体系要素是否有遗漏。

2. 对程序文件的确认要点

安全生产检测检验机构应结合自身的具体情况和特点建立程序文件。评审专家在审查程序文件的内容时，可重点关注以下方面：

（1）对 AQ/T 8006—2018 中明确需要建立程序文件的要素，是否都编制了程序文件。

（2）程序文件的编制是否结合了机构的特点和实际情况，具有可操作性。

（3）程序文件与管理手册之间、程序文件与程序文件之间是否有清晰明确的接口。

（4）程序文件一般按目的、范围、职责、程序、工作记录表的顺序进行编制。

二、管理体系运行有效性的确认

评审专家应确认安全生产检测检验机构建立的管理体系是否有效运行，重点关注安全生产检测检验机构所有与检测检验质量有关的要求、过程是否已进行规定；是否已按照规定的程序和方法运行，并且受控；是否通过内部审核、管理评审、质量监督、纠正措施、改进等方式实现管理体系的自我完善与自我改进；管理体系的整体运行是否处于良性循环、持续改进的良好状态。

三、技术能力的确认

技术能力的确认是能力确认的核心环节，每一名评审专家都应该本着高度负责的态度严肃认真地考核和确认检测检验机构的技术能力，为资质认可机关等提供真实可靠的技术保证。

评审专家应从人员、设施和环境条件、方法、设备、测量溯源性、抽样、物品的处置、结果的质量保证、原始记录、结果报告等各个方面，对安全生产检测检验机构的技术能力进行全面评价。技术能力确认要覆盖安全生产检测检验机构申请的全部技术能力范围。

技术能力的确认应重点关注以下方面：

（1）依据的检测检验标准规范是否现行有效，不能出现作废标准。

(2) 检测检验活动的作业空间、所需的设施、环境条件是否满足检测检验要求。

(3) 检测检验全过程所需要的全部设备的功能、量程、准确度是否满足预期使用要求。

(4) 所有的测量值均应能溯源到国家计量基准。

(5) 所有的检测检验人员均应正确完成相应的检测检验工作。

(6) 通过现场试验、盲样测试、人员比对、人员考核等证明其具备相应的检测检验能力。

四、检测检验过程控制能力的确认

为了保证检测检验质量，安全生产检测检验机构应对检测检验的全过程进行控制。评审专家应对安全生产检测检验机构的业务受理、合同评审、抽样、任务下达、检测检验实施、报告编制与发放等整个检测检验过程的控制能力进行考察，并通过对授权签字人的面试考核，确认安全生产检测检验机构是否具备对外出具正确检测检验结果的能力。

五、涉及多场所时的确认

对于涉及多场所的检测检验机构，评审专家在审查其管理体系文件时，应重点关注：①管理体系文件是否覆盖了与检测检验相关的所有场所，理顺总部和各场所的组织机构和管理关系，各分场所实验室与总部的隶属关系及工作接口应描述清晰，沟通渠道应通畅，各分场所内部的组织机构及人员职责应明确；②各分场所的人员情况是否满足规定的要求，尤其应关注各分场所使用的设备、方法是否一致，各分场所是直接对客户出具报告还是将相关数据发回总部后由总部统一出具报告等，在摸清检测检验机构实际运作方式的基础上，确认安全生产检测检验机构对管理体系各个环节的管控是否到位、有效。

第三章　管理能力确认关注点

AQ/T 8006—2018 分为管理要求和技术要求两大部分。其中管理要求分为 15 个要素，对安全生产检测检验机构的质量管理和质量保证能力提出了要求，并对一些质量活动做出了规定。管理要求的 15 个要素分别为：组织，管理体系，文件控制，要求、标书和合同的评审，分包，服务和供应品的采购，服务客户，投诉，不符合工作的控制，改进，纠正措施，预防措施，记录的控制，内部审核，管理评审。

以下按 AQ/T 8006—2018 中的条款号列出了管理要求原文，针对每个条款的要求给出确认关注点，并对每个要素简述需要重点关注的事项及能力确认中的常见问题，供能力确认时参考。

第一节　组　　织

一、能力确认关注点

【原文】 4.1.1　安全生产检测检验机构（以下简称检测检验机构）应具有独立法人资格，能独立、客观、公正地从事安全生产检测检验（以下简称检测检验）活动，并对其检测检验数据和结果负责。

【确认关注点】 核查证明检测检验机构法律地位的相关证明文件。具有独立法人性质的检测检验机构是否具有营业执照，营业执照的经营范围内是否有从事相关领域的检测检验内容，营业执照的营业期限是否在有效期内。检测检验机构的相关公开文件中，是否明确了独立、客观、公正地从事安全生产检测检验活动，并对其检测检验数据和结果负责。

【原文】 4.1.2　检测检验机构应确保所从事检测检验活动符合本标准的要求，并能满足安全监管监察部门、安全评价机构、认证机构和生产经营单位等客户的需求。

【确认关注点】 核查检测检验机构的历史，以了解其以前是否有过与检测检验领域相关的经历，是否了解安全监管监察部门、安全评价机构、认证机构和生产经营单位等客户的现实需求。

【原文】 4.1.3　检测检验机构应有与所从事检测检验活动相适应的固定工作场所，

具备正确进行检测检验所需要的并且能独立调配使用的固定、临时或可移动的检测检验设备、设施，具备检测检验对象安全性能项目/参数的检测检验能力，并有文件描述其有能力实施的检测检验活动。

【确认关注点】

(1) 核查检测检验机构的注册、登记文件和工作场所的所有权、使用权的证明文件，确认检测检验机构是否有固定的工作场所。场所属租赁的，应核查相关租赁合同，并关注其租赁期限是否与资质证书的有效期相适应。

(2) 核查检测检验机构申报的检测检验设备、设施的所有权，是否有租赁情况。如有租赁情况，应核查租赁合同，并应重点关注租赁的检测检验设备设施的使用、维护管理、检定/校准、操作人员等方面的情况，是否能保证其独立调配使用。

(3) 核查检测检验机构是否具备检测检验对象安全性能项目/参数的检测检验能力。不具备检测检验对象关键安全性能项目的检测检验能力，该检测检验对象一般不予推荐，其原因是出具的检验报告可能避重就轻，容易误导。

(4) 寻找其有能力实施相关检测检验活动的文件化证据（如管理手册、检测检验报告、检测检验记录等)。

【原文】 4.1.4 检测检验机构应有确定的检测检验管理体系（以下简称管理体系），并应覆盖其在固定设施内、离开其固定设施的场所、多个地点的场所，或在相关的临时或移动设施中进行的工作。

【确认关注点】 通过查阅检测检验机构建立的质量管理体系文件，特别是各部门和各岗位的职责以及各项管理活动的控制程序，确认其管理体系是否覆盖了所有的工作场所或工作地点。特别要注意其是否设有分场所，设有分场所时，应重点关注其管理活动和技术活动的一致性。

【原文】 4.1.5 如果检测检验机构还从事检测检验以外的活动，应识别潜在的利益冲突，并规定参与检测检验活动人员或对检测检验活动有影响的关键人员的职责。

【确认关注点】 了解检测检验机构是否还从事检测检验以外的活动，如从事与检测检验对象有关的产品设计、研制、生产、销售、安装、使用、维修等，如果有，应关注是否存在利益冲突，人员的交叉使用等。

【原文】 4.1.6 检测检验机构及其人员从事检测检验活动，应遵守国家相关法律、法规、规章和标准规范的规定，遵循科学公正、独立客观、安全准确、诚实守信原则，恪守职业道德，承担社会责任。检测检验机构应满足下列要求：

【确认关注点】 查阅检测检验机构的相关文件，是否有以上表述的声明或规定。

a) 有与其从事检测检验活动相适应的安全生产检测检验人员（以下简称检测检验人

员）和安全生产检测检验专业技术人员（以下简称技术人员），他们应具有所需的权力和资源履行实施、保持和改进管理体系的职责，识别对管理体系或检测检验程序的偏离，以及采取措施预防或减少偏离；

【确认关注点】 查阅检测检验机构提供的在编人员一览表，必要时核查关键岗位人员的劳动合同、工资单、社保缴纳证明、学历证书、职称证书、技术等级证书、培训证书等证明文件，以确认检测检验人员和技术人员的现状。

b）有措施或制度确保其管理体系内管理层和员工不受任何来自内外部不正当的商业、财务和其他对工作质量有不良影响的压力和影响，并防止商业贿赂；

【确认关注点】 查阅检测检验机构是否制定了相应的制度或措施，并考查其实施效果如何。

c）有保护客户机密信息和所有权的程序，包括保护电子存储和传输结果的要求，确保其不泄露在检测检验活动中所知悉的国家秘密、商业秘密和技术秘密；

【确认关注点】 查阅检测检验机构是否制定了相应的程序文件，并考查在有关活动中的实施情况。

d）有最高管理者公正性的承诺，保证管理体系内管理层和员工独立于其出具的检测检验数据和结果所涉及的利益相关各方，不受任何可能干扰其技术判断因素的影响，确保检测检验数据和结果的真实、客观、准确，有程序确保检测检验机构持续不断地识别其公正性的风险，并在识别出公正性的某类风险时，能够消除或将此类风险降至最低，避免卷入降低其能力、公正性、判断力或运作诚信等方面的可信度的活动（如从事与检测检验活动有关的产品设计、研制、生产、销售、安装、使用、维修等）；

【确认关注点】 查阅是否有最高管理者签发的公正性的承诺，承诺的内容是否涵盖以上各个方面；是否按规定建立了相应的程序文件，实施效果如何等。

e）有确定的文件化的组织和管理结构以及明确的技术管理、质量管理和行政管理之间的关系，确保其保持开展检测检验业务所需的能力、保障检测检验活动的公正性；

【确认关注点】 查阅是否有明确的组织机构框图，各部门、各岗位的设立是否与组织机构框图一致，是否明确了自上至下质量管理、技术管理、支持服务中各部门、各岗位之间的关系，从而确认检测检验机构内部机构设置是否合理，职能分配是否合理，是否能保证管理体系的正常运行。

f）规定对检测检验质量有影响的所有管理、操作和核查人员的职责、权力和相互关系；

【确认关注点】 对检测检验质量有影响的人员依据各检测检验机构设置的部门和岗位不同而略有差异，一般有：检测检验机构的主任、副主任、技术负责人、质量负责人、授权签字人、各部门负责人、检测检验员、质量监督员、内审员、设备管理员、样品管理员、档案管理员等，对于这些人员，应以文件形式明确其职责和权力。

g）有高层管理者及各部门主管的任命文件；

【确认关注点】 查阅检测检验机构的主任、副主任、技术负责人、质量负责人、各部门负责人等是否有符合要求的任命文件，他们的职责规定是否明确、恰当，通过查阅各种运行记录考察其履行职责的状况。

h）有熟悉检测检验方法、程序、目的和结果评价的监督人员，经授权，对检测检验人员包括在培员工、检测检验的关键环节进行充分监督；

【确认关注点】 查阅检测检验机构的质量监督员是否有符合要求的任命文件，他们的职责规定是否明确、恰当，通过查阅日常质量监督记录考察其履行职责的状况。重点关注质量监督员的专业、经验、技术水平等是否适宜，质量监督员的数量是否满足日常监督需要。

i）在高层管理者中指定一名技术负责人，全面负责技术运作和提供确保检测检验机构运作质量所需的资源，必要时可在不同领域设置技术主管；

【确认关注点】 核查检测检验机构技术负责人任命文件，落实其是否为高层管理者中的一员，同时应重点关注其学历、专业、经历、经验、职称、能力等是否能胜任技术负责人的岗位要求。

j）在高层管理者中指定一名质量负责人，赋予其能保证管理体系有效运行的责任和权力，并能与决定政策或资源的最高管理者直接接触和沟通；

【确认关注点】 核查检测检验机构质量负责人任命文件，落实其是否为高层管理者中的一员，且其工作应能直接与最高管理者接触，同时应重点考察其对检测检验管理体系的熟悉程度。

k）指定最高管理者、技术负责人、质量负责人等关键管理人员的代理人，并在管理手册中予以规定，保证检测检验活动持续进行；

【确认关注点】 核查在管理手册（或质量手册）中是否规定了最高管理者、技术负责人、质量负责人等关键管理人员的代理人。

l）有措施或制度确保检测检验人员理解他们活动的相关性和重要性，以及如何为实现管理体系目标做出贡献；

【确认关注点】 核查检测检验机构是否结合自身的行业特点建立了相关措施或制度，考查其实施效果。

m）有程序确保新开展的检测检验工作符合本标准的要求；

【确认关注点】 核查是否建立了新开展检测检验工作的程序文件，新开展的检测检验项目是否按程序文件规定开展了相关工作，核查实施记录，考查其实施效果。

n）有措施或制度确保检测检验活动中人员、设备、设施、检测检验对象及环境等的安全；

【确认关注点】 核查检测检验机构是否结合自身的行业特点建立了相关措施或制度，其可操作性如何，考查其实施效果。

o）有措施或制度确保按计划保质保量完成安全监管监察部门委托的检测检验任务；

【确认关注点】 核查检测检验机构是否结合自身的行业特点建立了相关措施或制度，考查其实施效果。

p）有措施或制度确保检测检验收费公开、透明；

【确认关注点】 核查检测检验机构是否有公开的检测检验收费标准，考查其对外公布方式。

q）有措施或制度确保依照法律、法规、规章和执业准则等进行技术服务，并公开诚信承诺；

【确认关注点】 核查检测检验机构是否结合自身的行业特点建立了相关措施或制度，考查其实施效果。

r）有措施或制度确保杜绝出具虚假报告、租借资质（适用时）、违法挂靠、转包、冒用他人签名或代签、应到而不到现场开展检测检验、假借或冒用他人名义要求客户接受有偿服务。

【确认关注点】 核查检测检验机构是否结合自身的行业特点建立了相关措施或制度，通过评审过程中查阅的相关记录，考查其实施效果。

【原文】 4.1.7　最高管理者应确保在检测检验机构内部建立适宜的沟通机制，并确保与管理体系有效性的事宜得到沟通。

【确认关注点】 核查检测检验机构是否结合自身的特点建立了相关的沟通机制，考查其实施效果。

【原文】 4.1.8　检测检验机构应识别检测检验活动的风险和机遇，配备适宜的资源，并实施相应的质量控制。

【确认关注点】 核查检测检验机构是否结合自身的业务特点，识别风险和机遇，并对其进行质量控制，考查其实施效果。

二、需要重点关注的事项

按照承担法律责任的要求，建立具有法人资格、责权利清晰的组织机构，独立、客观、公正地从事安全生产检测检验活动并对其检测检验结果承担法律责任，是安全生产检测检验机构的基本要求。对“组织”的评价，要重点关注检测检验机构的属性、资源

(包括人、财、物)和公正性。

1. 能力确认时应整体关注安全生产检测检验机构是否是真正能够承担法律责任的实体；是否能够独立、公正、客观地对外开展检测检验业务，如何保证公正性，采取了什么措施，效果如何；是否有违反法律法规的情况；是否能满足客户（包括安全监管监察部门）的需求。应检查有效的法律证明文件（如营业执照）、独立开展业务的证明文件(如独立行文等)。

2. 安全生产检测检验机构是否具有与其检测检验业务量、业务范围相适应的能够独立、公正开展检测检验活动的工作场所（包括办公用房、检测场地等)。如果工作场所是租用的，租赁期是否与资质有效期（适用时）相适应。

3. 安全生产检测检验机构应对所有的设备、设施具有独立调配使用、管理的权力。设备、设施可以是固定、临时或可移动的。“固定的”是指固定在特定场所内使用；“临时的”是指为满足合同或特定任务，在相对较短时间内开展检测检验活动所需临时建立的，如为某些工程建设项目服务的设施；“可移动的”是指开展的检测检验工作是可移动的，如移动的检测车。安全生产检测检验机构的管理体系应覆盖其在固定设施内、离开其固定设施的场所，或在相关的临时或移动设施中进行的所有工作。“离开其固定设施的场所”是指需携带设备到固定办公、检测检验地点外进行检测检验活动的地点。管理体系之外的检测检验项目，不能纳入能力确认范围。

4. 如果安全生产检测检验机构还从事检测检验以外的活动（如科研、生产等)，要评审其对安全生产检测检验机构公正性带来的不利影响，以及采取的措施，要界定对安全生产检测检验活动有影响的关键人员的职责。

5. 评审时应整体关注安全生产检测检验机构是否具有公正性、诚实性；是否能够保护客户机密信息和所有权；是否能够确保检测检验收费公开、透明；是否能够确保安全监管监察部门下达的指令性安全生产检测检验任务按计划保质保量完成；是否能确保安全生产检测检验活动中人员、设备、设施及检测检验对象等的安全。

6. 安全生产检测检验机构的组织和管理机构，以及岗位职责、权力和相互关系是否有明确规定，组织机构图是否清晰地表明内外部关系；是否在高层管理者（领导班子成员）任命了技术负责人、质量负责人；关键管理人员（如最高管理者、技术负责人、质量负责人）是否指定了代理人；是否任命了部门负责人、质量监督员（是否符合条件）等；任命是否有正式的书面文件。实际执行情况如何，有效性如何。

无论是管理人员、操作人员，还是监督、核查人员，只要其从事的工作对安全生产检测检验质量有影响，都必须书面明确其职责、权力和相互关系。

技术负责人对技术工作负全责，质量负责人负责文件化管理体系的建立与有效运行，二者均是安全生产检测检验机构非常重要的岗位，要在高层管理者中产生、任命。

不同的专业领域应设置不同的监督人员。

7. 安全生产检测检验机构是否建立了内部沟通机制，是否进行了内部沟通，内部沟通是否有效。

三、能力确认中的常见问题

1. 编制的管理手册未对 AQ/T 8006—2018 中“4.1　组织”的要求进行完整的描述，有的不按条款顺序进行描述，有的不按条款要求内容进行描述，有的对部分条款进行删减或没有描述。

2. 机构不具有独立法人资格，挂靠在法人单位。

3. 未建立防止商业贿赂的管理制度。

4. 组织机构图与实际设置不符，或未明确质量管理、技术运作和支持服务之间的关系。

5. 未规定对检测检验质量有影响的所有主要岗位人员的职责和权限。

6. 无二级部门领导、主要岗位人员的任命文件。

7. 质量监督员任职条件不满足要求。

8. 无日常质量监督记录，或记录简单，信息量不全。

9. 机构的质量负责人不是高层管理者。

10. 未明确关键管理人员的代理人。

11. 新开展项目未履行新项目评审程序，或新项目评审流于形式。

12. 检测检验依据标准发生变更的项目未履行新项目评审程序，或评审流于形式。

13. 未结合机构自身的实际情况建立安全作业管理程序，或安全作业管理程序不能具体指导安全作业，可操作性差。

14. 未建立检测检验收费管理制度。

15. 未对内部沟通提出要求，也未建立相应的沟通制度。

第二节　管 理 体 系

一、能力确认关注点

【原文】 4.2.1　检测检验机构应建立、实施和保持与其检测检验活动范围相适应的管理体系，应将其政策、制度、计划、程序和指导书制订成文件，文件化的程度应保证检测检验结果的质量。管理体系文件应传达至有关人员，并被其获取、理解和执行。

【确认关注点】 核查检测检验机构是否结合自身的行业特点建立了文件化的管理体系，管理体系文件是否发放到相关人员，是否进行了宣贯，相关人员对其熟悉的程度如何。在现场评审过程中，有意识地与重要岗位人员进行沟通，了解其对本岗位的职责和管理体系是否清楚明白，检查管理体系文件的宣贯效果。

【原文】 4.2.2 管理体系中与质量有关的政策，包括质量方针声明，应在管理手册中阐明。应制定质量目标并在管理评审时加以评审。质量方针声明应经最高管理者授权发布，至少包括下列内容：

a）对良好职业行为和为客户提供检测检验服务质量的承诺；

b）关于服务标准的声明；

c）管理体系的目的；

d）要求所有与检测检验活动有关的人员熟悉管理体系文件，并在工作中执行政策和程序；

e）对遵守本标准及持续改进管理体系的承诺。

【确认关注点】 核查在管理手册中是否规定了质量方针和质量目标，质量方针是否适宜，质量目标是否可测量和可操作。质量方针应简明扼要，便于员工理解；质量目标是质量方针的具体化，既要有中长期目标，也要有年度目标，以便于质量目标的年度考核。有些检测检验机构制定的质量目标为“检验报告的正确率为100%”，既不切实际，也无法测量。质量方针、质量目标和承诺，应使所有相关人员理解并有效实施。

【原文】 4.2.3 最高管理者应提供建立和实施管理体系以及持续改进其有效性承诺的证据。

【确认关注点】 通过核查管理体系文件及其相关运行记录，确认是否建立和实施管理体系、是否持续改进其有效性。

【原文】 4.2.4 最高管理者应将满足安全监管监察部门、安全评价机构、认证机构和生产经营单位等客户要求和法定要求的重要性传达到检测检验管理体系内的全体员工。

【确认关注点】 关注最高管理者采取什么方式将满足安全监管监察部门、安全评价机构、认证机构和生产经营单位等客户要求和法定要求的重要性传达到检测检验管理体系内的全体员工。

【原文】 4.2.5 管理手册应包括或指明含技术程序在内的支持性程序，并概述管理体系中所用文件的架构。

【确认关注点】

（1）管理体系文件的构成。检测检验机构的管理体系文件一般分成四个层次，一般由管理手册（第一层次）、程序文件（第二层次）、作业指导书（第三层次）、质量和技术记录（如记录、表格、报告等）（第四层次）组成。管理体系文件从第一层次到第四层次内容逐渐具体详细，上下层文件相互支持、衔接，内容要求一致，下层文件是对上层文件的补充和具体化。

（2）对管理体系文件的基本要求。管理手册（或质量手册）是管理体系文件中最重要的文件，是纲领性文件，一般建议按 AQ/T 8006—2018 中规定的条款号和内容进行编写，便于核查。为了保证管理体系文件的完整性和系统性，检测检验机构制定的所有程序文件均应在管理手册中提及，不应出现未在管理手册中出现过的程序文件，这就是“管理手册应包括或指明含技术程序在内的支持性程序”要求。

程序文件是规定检测检验机构质量活动、方法和要求的文件，是管理手册的支撑性文件。程序文件为完成管理体系中所有主要活动提供了方法和指导，分配了具体的职责和权限，包括管理、执行、验证活动，对某项活动所规定的途径进行描述，其内容必须与管理手册的规定相一致，程序文件应强调协调性、可行性和可检查性。

作业指导书是规定检测检验机构技术活动途径的操作性文件，其对象是具体的作业活动，如检测检验实施细则、抽样细则、测量不确定度的评定方法、设备操作规程、期间核查细则等。

【原文】 4.2.6 管理手册中应规定技术负责人和质量负责人的作用和责任，包括确保遵守本标准的责任。

【确认关注点】 管理手册中是否明确规定了技术负责人和质量负责人的职责。

【原文】 4.2.7 当策划和实施管理体系的变更时，最高管理者应确保管理体系的完整性，使本标准要求得到满足的所有相关文件、过程、体系、记录等均被纳入、引用或链接至管理体系文件。

【确认关注点】 管理体系的完整性明确由最高管理者负责。

二、需要重点关注的事项

为实现质量方针和质量目标，履行质量承诺，安全生产检测检验机构必须建立并有效实施与其活动范围相适应的管理体系，最终达到服务客户的目的。

1. 评审安全生产检测检验机构是否建立了文件化的管理体系，体系文件间是否协调一致，表达是否清晰准确。具体就是管理手册、程序文件、作业指导书、记录等各层次文件是否该有的都有，各层次文件间联系是否紧密，是否属于一个整体而非零散的文件。要检查管理体系文件是否进行了宣贯，有关人员是否都理解并执行。

应重点关注管理体系文件与 AQ/T 8006—2018 的符合性和完整性。AQ/T 8006—

2018 中的要求不能遗漏，即“该写的都要写到”。

2. 评审安全生产检测检验机构是否有质量方针、质量目标、质量承诺；质量方针是否由最高管理者发布；质量目标是否能够量化、可操作、能够实现，且按期进行分析统计，是否被全体员工理解并执行；管理手册中是否规定了技术负责人、质量负责人的职责。

3. 安全生产检测检验机构管理体系的整体性评价，一般要在全面评审的基础上，分析管理体系关键和重点环节的管理状况，整体评价管理体系符合 AQ/T 8006—2018 的状况和实际效果，给出综合评审组全体成员的意见，不应是某个评审专家的个人意见。

三、能力确认中的常见问题

1. 管理体系文件未传达至有关人员，相关人员不熟悉、不理解、不执行，导致写一套做一套，出现两张皮现象。

2. 没有建立明确的质量方针。

3. 建立的质量目标未量化，无法测量和考核，或目标多年不变，不能体现持续改进的承诺。

4. 管理手册中未包括或指明支持性的相关程序文件。

5. 未对建立的管理体系文件框架进行描述。

6. 未分清管理手册和程序文件的关系，有些本该在管理手册中描述的内容放到程序文件中，导致管理体系文件的系统性、层次性不强。

7. 程序文件中未包括或指明支持性的记录文件。

8. 管理手册未按 AQ/T 8006—2018 的要求逐条逐款进行描述，有缺项情况。

第三节　文 件 控 制

一、能力确认关注点

【原文】 4.3.1　总则

检测检验机构应建立并保持文件获取、识别、编制、审核、批准、标识、发放、保管、修订和废止等的控制程序，以控制构成其管理体系的所有文件（内部制定或来自外部的），诸如法律、法规、规章、标准、规范性文件、检测检验方法，以及通知、计划、图表、图纸、软件、规范、指导书和手册。这些文件可承载在各种载体上，可以是数字存储设施如光盘、硬盘等，或是模拟设备如磁带、录像带或磁带机，还可以采用缩微胶片、纸张、相纸等。

【确认关注点】 是否按要求建立了文件控制程序，是否将构成其管理体系的所有文件（内部制定或来自外部的）均纳入了控制范围，尤其是与安全生产检测检验相关的法律、法规、规章、标准、规范性文件、检测检验方法的控制是否到位、有效、可操作，对业务范围内受控标准的控制一般应对查新频次、查新渠道、查新责任人进行明确规定，且应提供相关记录。

【原文】 4.3.2 文件的批准和发布

【原文】 4.3.2.1 所有管理体系文件在发布之前应由授权人员审查并批准。应建立识别管理体系中文件当前的修订状态和分发的控制清单或等效的文件控制程序，并使之易于查阅，以防止使用无效和（或）作废的文件。

【确认关注点】 核查检测检验机构是否正确理解和实施文件控制程序，程序有关的内容和环节是否齐全，规定是否合理且具可操作性。关注内部文件的审批手续是否齐全，现场使用的各种受控文件是否标识清晰。受控文件应加盖受控标识章，且必须与受控文件发放/回收登记表相一致。

【原文】 4.3.2.2 文件控制程序应确保：

a）在对检测检验机构有效运作起重要作用的所有工作场所都能得到相应文件的授权版本；

b）定期审查文件，包括法律、法规、规章和标准规范，必要时进行修订或更新，以确保其现行有效和持续适用并满足使用要求；

c）及时地从所有使用或发布处撤除无效或作废文件，或用其他方法保证防止误用；

d）出于法律或知识保存目的而保留的作废文件，应有适当的标记。

【确认关注点】 核查文件控制记录，尤其是检测检验现场使用的相关文件是否得到有效控制。是否存在使用失效或废止的文件，是否存在一个文件出现不同版本的问题。

【原文】 4.3.2.3 检测检验机构制定的管理体系文件应有唯一性标识。该标识应包括发布日期和（或）修订标识、页码、总页数或表示文件结束的标记和发布机构。

【确认关注点】 核查实际执行情况。

【原文】 4.3.3 文件变更

【原文】 4.3.3.1 除非另有特别指定，文件的变更应由原审查责任人进行审查和批准。被特别指定的人员应获得进行审查和批准所依据的有关背景资料。

【确认关注点】 核查文件更改执行情况。关注更改的文件是否经过再审查和再批准。

【原文】 4.3.3.2 更改的或新的内容应在文件或适当的附件中标明。

【确认关注点】 核查文件更改执行情况。

【原文】 4.3.3.3 如果检测检验机构的文件控制系统允许在文件再版之前对文件进行手写修改，则应确定修改的程序和权限。修改之处应有清晰的标注、签名并注明日期。修订的文件应尽快地正式发布。

【确认关注点】 核查文件更改执行情况。

【原文】 4.3.3.4 应制定程序来描述如何更改和控制保存在计算机系统中的文件。

【确认关注点】 核查是否建立了相关控制程序。

二、需要重点关注的事项

文件是一切管理和技术活动的依据，对“文件控制”的评审是现场评审的重要内容。现场评审应对安全生产检测检验机构各类文件的编制、审核、批准、标识、发放、保管、修订和废止等全过程的管理进行检查，重点关注以下内容：

1. 安全生产检测检验机构是否编制并执行了文件控制程序，有关内容是否齐全、合理，具有可操作性。

2. 安全生产检测检验机构内部的管理体系文件的批准、发布、变更等是否按程序规定进行。

3. 文件控制程序是否包括了构成其管理体系的所有文件，特别是来自于外部的诸如法律、法规、标准等其他规范性文件。

4. 是否能够识别管理体系文件当前的修订状态，是否有受控文件清单，分发是否受控。

5. 在对安全生产检测检验机构有效运作起重要作用的所有工作场所是否都能得到相应文件的现行、有效的授权版本。

6. 是否定期审查受控文件（包括法律、法规、标准与规范），必要时是否进行了修订或更新。

7. 检测检验的各环节、各场所是否有过时作废的文件还在使用。

8. 管理体系文件是否都有唯一性的标识。

9. 文件的更改是否符合规定的程序要求，是否允许手写修改，是否已形成文件。

10. 保存在计算机系统中的文件如何更改、如何控制，是否已有文件规定。

三、能力确认中的常见问题

1. 受控文件未按规定进行审批。

2. 受控文件没有受控标识，没有文件编号、编制与审批人员签名标识。

3. 无受控文件的发放记录，或受控文件的发放范围过小，无法保证相关人员按规定行事。

4. 需要文件的检测检验现场缺少文件。

5. 现场使用非受控文件或过期文件。

6. 未按要求及时审查文件并更新，导致由于外部文件已经发生变化，相关受控文件的现行有效性出现问题。

7. 未明确对检测检验用标准的有效性如何进行查新跟踪和管理，或不能提供标准查新记录。

8. 质量活动记录表和技术活动记录表无唯一性受控标识。

9. 对电子文件管理不到位，现有规章制度主要针对书面文件。

10. 未规定如何更改和控制保存在计算机系统中的文件。

第四节　要求、标书和合同的评审

一、能力确认关注点

【原文】 4.4.1　检测检验机构应依法与客户签订检测检验合同，明确被检对象、范围、完成时限，以及双方权利、义务和责任，特别要明确客户对所提供资料和检测检验对象的真实性负责。在进行第三方检测检验时，检测检验机构在技术服务合同之外与客户或检测检验对象存在行政、商业、财务等利害关系的，应当回避。检测检验机构应建立和保持对客户要求、标书和合同的评审程序。这些为签订检测检验合同而进行评审的政策和程序应确保：

a）对包括所用检测检验方法在内的要求予以充分规定，形成文件，并易于理解；

b）检测检验机构有能力和资源满足这些要求；

c）选择适当的、能满足客户要求的检测检验方法。

客户的要求或标书与合同之间的任何差异，应在工作开始之前得到解决。每项合同应得到检测检验机构和客户双方的接受。

【确认关注点】 核查检测检验机构是否建立了合同评审程序，是否按程序规定与客户签订了检测检验合同，合同的内容是否包括了以上的规定要求。

【原文】 4.4.2　应保存包括任何重大变化在内的评审记录。在执行合同期间，就客户的要求或工作结果与客户进行讨论的有关记录，也应予以保存。

对简单任务的评审，由检测检验机构中负责合同工作的人员注明日期并加以标识（如签名）即可。对于重复性的例行工作，如果客户要求不变，仅需在初期调查阶段，或在与客户的总协议下对持续进行的例行工作合同批准时进行评审。对于新的、复杂的检测检验任务，则应当保存更为全面的记录。

【确认关注点】 核查日常例行检测检验任务、新的复杂的检测检验任务的合同评审记录，关注程序是怎么规定的，实际是怎么做的。

【原文】 4.4.3 评审的内容应包括被检测检验机构分包出去的任何工作。

【确认关注点】 核查检测检验机构是否存在分包？如存在分包，应结合4.5条统一考查。

【原文】 4.4.4 对合同的任何偏离均应书面通知客户，得到客户书面认可，并保存记录。

【确认关注点】 合同偏离须通知客户。

【原文】 4.4.5 工作开始后如果需要修改合同，应重复进行同样的合同评审过程，并将所有修改内容通知所有受到影响的人员。

【确认关注点】 修改合同须重新评审。

二、需要重点关注的事项

为满足客户的要求，安全生产检测检验机构要与客户充分沟通，了解客户的需求，并对自身技术能力能否满足客户要求进行必要的评审。客户要求（委托书）、标书或合同是明确客户与安全生产检测检验机构双方权利与义务的文件，一经签订就具有法律效力，安全生产检测检验机构要高度重视。评审中重点关注以下内容：

1. 安全生产检测检验机构是否制定并执行了合同评审的程序文件，是否明确了组织、参与评审的部门或岗位职责。针对不同的合同形式，是否做出了不同规定；是否对与客户的联络、合同评审记录及保存等进行了规定；是否对合同修改进行了规定；是否允许口头协议，如果允许如何规定的，执行情况如何，有无记录等。

2. 抽查合同评审记录，核查合同评审时是否将客户的要求形成文件且易于理解；是否对能力和资源、选择的方法、客户要求、双方之间分歧等进行评审，合同内容是否得到双方的认可。

3. 合同评审执行情况如何。

4. 对合同的任何偏离是否已书面通知客户，并得到客户书面认可。是否保存了包括任何重大变化在内的评审记录。

5. 分包是否已被列入合同评审范围。

6. 修订合同是否按规定重复进行合同评审过程，并将所有修改内容通知所有受到影响的人员。

三、能力确认中的常见问题

1. 未规定对于例行检验合同如何进行合同评审。
2. 实际履行的合同评审程序与规定不一致。
3. 检测检验合同中未约定检测检验项目和检测检验依据。
4. 分包项目未履行合同评审。

第五节 分 包

一、能力确认关注点

【原文】 4.5.1 检测检验机构承担型式检验或检测检验机构能力范围内的关键人员、设备、设施和环境条件等发生临时变化需分包检测检验对象中的项目/参数时，应分包给符合本标准相关要求、有能力完成分包项目/参数的机构。安全性能项目/参数不允许分包，不能因工作量大而分包。

【确认关注点】 核查检测检验机构是否存在分包，分包出去的项目是否为检测检验对象的安全性能项目/参数。承担分包项目的机构获得的相关资质是否满足规定的要求。

【原文】 4.5.2 检测检验机构应将分包安排以书面形式通知客户，并得到客户的书面同意。

【确认关注点】 分包安排是否书面通知客户，客户是否书面同意。

【原文】 4.5.3 检测检验机构应就其分包方的工作和分包结果对客户负责。

【确认关注点】 明确责任划分。

【原文】 4.5.4 检测检验机构应保存对分包方能力及其有关工作符合本标准及相关标准的详细调查和证明记录以及所有分包方的登记表。

【确认关注点】 核查检测检验机构是否建立分包方档案，一般应有分包检测检验机构的登记表、取得的资质证明文件（含附表）、与分包方签订的分包协议、调查评价资料等。

二、需要重点关注的事项

分包一般指安全生产检测检验机构在承担型式检验时，或检测检验机构能力范围内的关键人员、设备、设施和环境条件等发生临时变化时，委托其他检测检验机构为其提供检测数据的业务活动。型式检验的分包仅限特殊项目和所需仪器设备使用频次较低、价格昂贵的项目。安全生产检测检验机构不能因工作量大而分包，其中关键安全性能项目不允许分包。型式检验的分包项目不作为检测检验机构的能力范围。评审中重点关注：

1. 安全生产检测检验机构是否制定并执行了分包程序。分包程序是否符合本条款对分包的要求。

2. 安全生产检测检验机构是否将分包安排以书面形式通知客户，并得到客户的书面同意。

3. 安全生产检测检验机构是否就其分包的工作负责。由客户或法定管理机构指定的分包时，是否保存有客户或法定管理机构指定分包方的证据。

4. 安全生产检测检验机构是否对所有分包方进行了评价，并保存了分包方名录及其有关工作符合相关标准的证明记录（如有效的资质证书及附件）。

5. 分包方是否取得安全生产检测检验资质（适用时）；如果分包方没有安全生产检测检验资质，是否具有资质认定（计量认证）、实验室认可、检验机构认可等其他证明其符合本标准相关要求的资质。

三、能力确认中的常见问题

1. 因工作量大而分包或关键安全性能项目出现分包。
2. 未与分包方签订分包协议。
3. 建立的分包档案记录不全。
4. 未保留分包方出具的对分包项目的检测检验结果记录。
5. 管理手册中直接删除了该要素，并注明“本单位不存在分包”。

第六节　服务和供应品的采购

一、能力确认关注点

【原文】 4.6.1　检测检验机构应有选择和购买对检测检验质量有影响的服务和供应品的程序，明确服务、供应品、试剂、消耗材料的购买、接收和存储的要求。

【确认关注点】 核查机构是否建立了服务和供应品的采购控制程序。对检测检验质量有影响的服务和供应品可能包括检定/校准、设备采购、标准物质采购、试剂采购、玻璃器具等消耗材料的采购等。

【原文】 4.6.2　检测检验机构应确保所使用的服务和供应品符合规定的要求。所购买的、影响检测检验质量的供应品、试剂和消耗材料，只有在经过检验或以其他方式验证符合有关检测检验方法中规定的标准规范或要求之后才投入使用，并应保存所采取的符合性检查活动的记录。

【确认关注点】 抽查对供应品、试剂和消耗材料的符合性检查记录（验收记录）。

【原文】 4.6.3　影响检测检验质量的物品的采购文件，应包含描述所购供应品的信息。这些采购文件在发出之前，其技术内容应经过审查和批准。

【确认关注点】 核查是否有采购文件，采购文件的技术内容是否经过审批。

【原文】 4.6.4　检测检验机构应对影响检测检验质量的重要消耗品、供应品和服务（如量值溯源）的供应商进行评价，并保存这些评价的记录和获批准的供应商名单。

【确认关注点】 核查检测检验机构是否建立有合格供应商名录和对供应商的评价记录，抽查实际发生的采购行为与供应商名录的一致性。

二、需要重点关注的事项

安全生产检测检验机构应对采购服务和供应品进行控制和管理，以保证检测检验工作质量。采购服务包括采购计量检定与校准、能力验证、测量审核、培训服务等；采购供应品包括对检测检验质量有影响的设备、消耗材料等。评审中重点关注：

1. 安全生产检测检验机构是否制定了选择和购买对检测检验质量有影响的服务和供应品的控制程序。

2. 采购的对检测检验质量有影响的供应品、试剂和消耗材料，是否经过检验或证实符合有关标准规范或要求之后才投入使用，所使用的服务和供应品是否都符合规定的要求，是否保存了符合性检查活动的记录。

3. 供应品或服务的采购文件所包含的信息是否充分，这些采购文件在发出之前，其技术内容是否按规定经过审查和批准。

4. 对影响检测检验质量的重要消耗品、供应品和服务的供应商是否都进行了评价；是否保存了评价记录（包括供应商的档案资料）和获批准的供应商名单；供应商的档案资料是否最新有效。

三、能力确认中的常见问题

1. 未对影响检测检验质量的试剂和消耗材料等进行符合性检查，或无相关检查记录。

2. 未保留标准物质的采购文件。

3. 未收集标准物质生产商的相关资质材料。

4. 未收集仪器设备的检定校准服务单位的相关资质材料，或相关资质已过期，未及时更新。

5. 建立的合格供应商名单不全，通常对标准物质的供应商及设备的检定校准服务单位未进行评价，也未纳入合格供应商名单。

第七节 服务客户

一、能力确认关注点

【原文】 4.7.1 在确保为其他客户保密的前提下，检测检验机构在明确客户要求和允许客户监视其相关工作表现方面应积极与客户或其代表合作。这种合作可包括：

a）允许客户或其代表合理进入检测检验机构的相关区域直接观察为其进行的检测检验；

b）客户出于验证目的所需的检测检验物品的准备、包装和发送。

检测检验机构在整个工作过程中，应当与客户保持沟通，应当将检测检验过程中的任何延误或主要偏离书面通知客户，并保存记录。

【确认关注点】 根据检测检验机构的规定抽查相关记录。

【原文】 4.7.2 检测检验机构应向客户征求反馈，无论是正面的还是负面的。应分析和利用这些反馈，以改进管理体系、检测检验活动及客户服务。反馈类型可包括客户满意度调查、与客户一起评价检测检验报告等。

【确认关注点】 核查检测检验机构是如何规定的，如何做的，抽查相关记录，重点关注检测检验机构如何分析和利用反馈结果。

【原文】 4.7.3 检测检验机构发现在用被检设施、设备、材料及作业场所等存在事故隐患时，应立即告知客户。

【确认关注点】 核查相关记录，尤其应关注对矿山在用设备设施的检测检验，一旦发现存在事故隐患，应告知客户采取预防措施，避免事故的发生，如果存在重大事故隐患，可建议客户立即停用，整改合格后再继续投入使用，确保使用安全。

【原文】 4.7.4 检测检验机构间应进行沟通与交流，参与标准化活动，以改进检测检验活动及客户服务。

【确认关注点】 核查相关记录，或从其他途径了解该机构是如何与其他检测检验机构进行沟通与交流。

二、需要重点关注的事项

满足客户需要，追求客户满意度是安全生产检测检验机构向客户提供检测检验服务的目标。评审中重点关注：

1. 安全生产检测检验机构是否有为客户服务的意识，是否有为客户服务的具体措施，这些措施执行情况如何，效果怎样；是否规定了客户进入检测受控区的有关规定。

2. 是否采取了诸如客户满意度调查、与客户一起评价检测检验报告等方式与客户保持良好的沟通，向客户征求反馈意见；是否对收集的信息进行了统计分析，并作为评价、改进管理体系的依据。

3. 当发现在用被检设施、设备、材料、产品以及作业场所等存在事故隐患时，是否立即告知委托方。

4. 是否与其他检测检验机构进行过沟通与交流，是否积极参与标准化活动，以改进检测检验活动及客户服务。

5. 评审本条款时，可以与“4.8　投诉”“4.15　管理评审”等条款的评审结合进行。

三、能力确认中的常见问题

1. 未规定如何向客户征求反馈意见。

2. 未规定如何分析和利用客户的反馈意见。

3. 未规定当发现被检对象存在事故隐患时，应立即告知委托方。

4. 未对如何参与机构间沟通与交流，如何参与标准化活动等作出规定。

第八节　投　　诉

一、能力确认关注点

【原文】 4.8.1　检测检验机构应有政策和程序接受、评价和处理来自客户或其他方面的投诉。应保存所有投诉的记录以及检测检验机构针对投诉所开展的调查和纠正措施的记录。

【确认关注点】 核查是否建立了投诉的控制程序，投诉发生时是否按规定处理，是否有记录。

【原文】 4.8.2 在有要求时，任何相关方应可获得对处理投诉的过程的描述。

【确认关注点】 与投诉相关的记录应予保存，以备查。

【原文】 4.8.3 接到投诉，检测检验机构应确认投诉是否与其负责的检测检验活动相关，如果相关，则应处理。

【确认关注点】 核查投诉相关的记录，是否符合程序文件的规定和要求。

【原文】 4.8.4 检测检验机构应对在投诉处理过程中各个层次的所有决定负责。

【确认关注点】 核查相关规定和记录。

【原文】 4.8.5 投诉的调查和决定不应导致任何歧视性行为。

【确认关注点】 核查与投诉相关的记录，是否符合程序文件的规定和要求。

【原文】 4.8.6 处理投诉的过程应至少包括以下内容：

a）对投诉的接收、确认、调查以及决定采取何种应对措施的过程描述；

b）跟踪并记录投诉，包括解决投诉所采取的措施；

c）确保采取适宜的措施。

【确认关注点】 核查与投诉相关的记录，是否符合规定要求。

【原文】 4.8.7 接收投诉的检测检验机构应负责收集并验证所有必要的信息，以便确认该投诉是否有效。

【确认关注点】 核查投诉相关记录，是否符合规定要求。

【原文】 4.8.8 只要可能，检测检验机构应告知投诉人已收到投诉，并向其提供有关处理进程的报告和处理结果。

【确认关注点】 核查与投诉相关的记录，是否符合规定要求。

【原文】 4.8.9 对送达投诉人的决定及对决定的审查和批准，应由与投诉所涉及的检测检验活动无关的人员进行。

【确认关注点】 核查与投诉相关的记录，是否符合规定要求。

【原文】 4.8.10 只要可能，检测检验机构应将投诉处理过程的结果正式通知给投诉人。

【确认关注点】 核查与投诉相关的记录，是否符合规定要求。

二、需要重点关注的事项

投诉是客户以书面或口头形式对安全生产检测检验机构提供的检测检验服务不满意或抱怨，或对安全生产检测检验机构提供的检测检验数据、结果的异议。评审中重点关注：

1. 安全生产检测检验机构是否建立了投诉机制，是否制定了投诉处理程序，哪个部门负责，是否发生过投诉，有无记录。

2. 处理投诉是否按规定执行，是否对所有的投诉均予以处理，并有处理记录。

3. 投诉处理是否妥当，客户对投诉处理是否满意。

4. 确属安全生产检测检验机构原因造成的投诉，是否对原因进行了分析，是否采取措施防止问题再次发生。

三、能力确认中的常见问题

1. 未规定如何处理投诉的具体要求。

2. 目前很多检测检验机构不愿提供投诉的相关记录，可能有两种情况，一种是发生了投诉情况，也按规定进行了处理，但未对处理过程进行记录；还有一种情况是有投诉的相关记录，但因为是负面内容，不愿提供出来，口头上说没有发生投诉的情况。

第九节　不符合工作的控制

一、能力确认关注点

【原文】 4.9.1　在检测检验工作的任何方面，或该工作的结果不符合其程序或不符合与客户达成一致的要求时，检测检验机构应实施既定的政策和程序。该政策和程序应确保：

a）确定对不符合工作进行管理的责任和权力，规定当识别出不符合工作时所采取的措施（包括必要时暂停工作、扣发检测检验报告）；

b）对不符合工作的严重性进行评价；

c）立即进行纠正，同时对不符合工作的可接受性做出决定；

d）必要时，通知客户并取消不符合工作；

e）规定批准恢复不符合工作的职责；

f）保留完整记录。

对管理体系或检测检验活动的不符合工作或问题的识别，可能发生在管理体系和技术运作的各个环节，例如客户投诉、质量控制、设备检定/校准、消耗材料的核查、对员工的考查或监督、检测检验报告的核查、管理评审和内部或外部审核。

【确认关注点】 核查检测检验机构是否建立了不符合工作的控制程序；不符合工作的控制程序中是否明确了对不符合工作进行管理的责任和权力；是否规定了当识别出不符合工作时应采取的措施；是否规定了如何对不符合工作的严重性进行评价等。抽查不符合工作的处理记录。

【原文】 4.9.2 当评价表明不符合工作可能再度发生，或对检测检验机构的运作与其政策和程序的符合性产生怀疑时，应立即执行 4.11 中规定的纠正措施程序。

【确认关注点】 核查相关纠正措施记录。

二、需要重点关注的事项

不符合工作指管理或技术活动不符合管理体系文件或检测检验标准规范的要求。评审中重点关注：

1. 安全生产检测检验机构是否制定了不符合工作的控制程序；是否明确当发生不符合时，谁有责任和权力来进行处理，采取什么措施。可通过客户投诉、质量控制、仪器检定/校准、消耗材料的核查、对员工的考查或监督、检测检验报告的核查、管理评审和内部或外部审核等活动抽查检测检验机构处理不符合项的执行过程与记录。

2. 当发生不符合工作时，是否立即按照规定程序执行；对不符合工作的处理是否有记录，记录能否溯源到发生不符合工作时的时间、地点、责任人等。

3. 如果发现不符合工作可能再度发生时，是否对不符合工作处理方案进行了评审，是否立即执行 4. 11 中规定的纠正措施程序。

4. 评审该条款，可以与 4. 11 纠正措施、4. 12 预防措施等条款结合进行。

三、能力确认中的常见问题

1. 相关程序文件中未规定如何对不符合工作的严重性进行评价。常见的情况是，记录中有严重不符合和一般不符合的分类，但什么情况属于严重不符合、什么情况属于一般不符合，在程序文件中未进行具体规定，导致实际运行时无据可依。

2. 相关不符合项报告记录中，未对发现的不符合工作的严重性进行评价。

3. 发现不符合项与产生不符合项系同一人。

4. 未分清不符合项和潜在不符合项的区别。

第十节 改　　进

一、能力确认关注点

【原文】 4.10 检测检验机构应通过利用质量方针、质量目标、审核结果、数据分析、纠正措施、预防措施和管理评审来持续改进管理体系的有效性。

【确认关注点】 检测检验机构是否能识别改进机会，能否持续改进其管理体系的有效性。

二、需要重点关注的事项

管理体系的生命力在于持续改进。安全生产检测检验机构只有通过持续改进，才能适应内外部环境的变化，保证管理体系有效运行，确保质量方针和质量目标的实现。评审“改进”，重点关注安全生产检测检验机构是否按计划组织内部审核、管理评审；是否采取数据分析等方式对质量方针、质量目标等的实现进行评价；是否结合自身的业务特点，识别风险和机遇，并对其进行质量控制；是否对内部审核、外部评审等活动中发现的不符合工作采取了纠正措施、预防措施，并对采取的措施进行跟踪验证，不断推动管理体系持续改进，不断提升。

三、能力确认中的常见问题

大多数检测检验机构日常工作中能识别改进机会并采取改进措施，但未有意识地留下记录。

第十一节　纠 正 措 施

一、能力确认关注点

【原文】 4.11.1　总则

检测检验机构应制定纠正措施的程序，并规定相应的权力，以便在识别出不符合工作和在管理体系或技术运作中出现对政策和程序偏离时，实施纠正措施。该程序应规定以下要求：

a）识别不符合；

b）确定不符合的原因；

c）纠正不符合；

d）评价采取措施的需求，以确保不符合不再发生；

e）确定并及时实施所需措施；

f）记录所采取措施的结果；

g）评审纠正措施的有效性。

检测检验机构管理体系或技术运作中的问题可以通过不符合工作的控制、内部或外部审核、管理评审、客户的反馈或员工的观察等各种活动来识别。

【确认关注点】 核查是否建立了纠正措施的控制程序，程序中是否包含了以上规定要求。

【原文】 4.11.2 原因分析

纠正措施程序应从确定问题根本原因的调查开始。确定问题根本原因应仔细分析产生问题的所有潜在原因，潜在原因可包括：客户要求、样品、样品规格、方法和程序、员工的技能和培训、消耗品、设施环境、设备及其检定/校准等。

【确认关注点】 抽查相关记录，纠正措施程序是否从确定问题根本原因的调查开始。

【原文】 4.11.3 纠正措施的选择和实施

需要采取纠正措施时，检测检验机构应对可能采取的各项纠正措施进行识别，并选择和实施最可能消除问题和防止问题再次发生的措施。

纠正措施应与问题的严重程度和风险大小相适应。

检测检验机构应将由纠正措施而提出的任何变更制定成文件并加以实施。

【确认关注点】 核查纠正措施记录，判断纠正措施的选择和实施是否合适、有效。

【原文】 4.11.4 纠正措施的监控

检测检验机构应对纠正措施的结果进行监控，以确保所采取的纠正措施有效。

【确认关注点】 核查相关记录，是否事后安排了对纠正措施的结果进行了监控和验证，是否评价了纠正措施的有效性。

【原文】 4.11.5 附加审核

当对不符合或偏离的识别导致对检测检验机构符合其政策和程序或符合本标准产生怀疑时，检测检验机构应尽快依据4.14的规定对相关活动区域进行内部审核。

【确认关注点】 核查相关实施记录。

二、需要重点关注的事项

纠正是为消除已发现的不符合所采取的措施，纠正措施是为消除已发现的不符合的原因所采取的措施，采取纠正措施是为了防止再次发生相同的不符合项。纠正是就事论事，可能无法保证不符合再次发生。纠正措施从分析问题的根本原因开始，为了防止不符合再次发生。纠正可同纠正措施一同实施。评审中重点关注：

1. 安全生产检测检验机构是否制定了纠正措施控制程序，程序是否符合规定要求；是否明确了相应责任部门、责任人。

2. 抽查纠正措施实施记录，是否对产生问题的根本原因进行了调查分析。可以从不符合工作的控制、内部或外部审核、管理评审、客户的反馈或员工的观察、投诉、能力验证等各种活动来进行识别。

3. 评价采取的纠正措施是否能够防止问题再次发生；是否考虑了问题的严重性和风险及成本；当采取纠正措施而导致程序变更或文件更改时，是否进行了必要的工作。

4. 是否对纠正措施的结果进行了监控；是否能够确保所采取的纠正措施有效。

5. 当发现严重问题或业务风险时是否进行了附加审核。

三、能力确认中的常见问题

1. 纠正措施实施记录中未对不符合发生的原因进行分析，或原因分析不到位。

2. 纠正措施实施记录中采取的纠正措施较为简单，只是就事论事，没有从深层次上去分析原因，导致采取的纠正措施表面上是纠正了发生的不符合，但不能保证同类问题以后再次发生。

3. 纠正措施实施完成后未验证其有效性。

第十二节　预 防 措 施

一、能力确认关注点

【原文】 4.12.1　检测检验机构应制定预防措施的程序，以识别管理体系方面所需的改进和潜在不符合的原因，并在识别出改进机会或需采取预防措施时，制定措施计划并加以实施和监控，减少这类不符合情况发生的可能性并改进。预防措施程序应规定以下要求：

a）识别潜在的不符合及其原因；

b）评价防止不符合发生的措施需求；

c）确定所需的措施，除对运作程序进行评审之外，预防措施还可能涉及数据分析，包括趋势和风险分析以及能力验证结果；

d）措施的启动、实施和控制，以确保其有效性；

e）记录所采取措施的结果；

f）评审采取的预防措施的有效性。

【确认关注点】 核查是否建立了预防措施的控制程序，程序中是否包含了以上规定要求。

【原文】 4.12.2 预防措施应与潜在问题的影响程度和风险大小相适应。

【确认关注点】 核查预防措施记录，判断预防措施的选择和实施是否合适、有效。

二、需要重点关注的事项

预防措施指为消除潜在不符合或其他潜在不期望的情况采取的措施。预防措施与纠正措施的区别关键在于发生了没有，如问题已经发生，则采取的措施是纠正措施；否则，采取的是预防措施。评审中重点关注：

1. 安全生产检测检验机构是否制定了预防措施控制程序，程序是否符合规定的要求和本机构的实际。

2. 是否通过数据分析等内部质量控制、能力验证结果分析等手段识别潜在的不符合；是否针对可能产生不符合制定预防措施，或者根据其他检测检验机构获得的信息制定预防措施，防止类似问题的发生。

三、能力确认中的常见问题

1. 发生潜在不符合情况时，未按程序文件规定启动预防措施计划。

2. 预防措施已实施，但无相关记录。

第十三节　记录的控制

一、能力确认关注点

【原文】 4.13.1 总则

【原文】 4.13.1.1 检测检验机构应建立和保持适合自身具体情况的编制、填写、更改、识别、收集、检索、存取、存档、存放、维护和清理质量记录和技术记录的程序。质量记录应包括内部审核报告、管理评审报告、纠正措施和预防措施的记录等。

【确认关注点】 核查是否建立了记录的控制程序，程序中是否明确了记录的种类。

【原文】 4.13.1.2 所有记录应清晰明了，并以便于存取的方式存放和保存在具有防止损坏、变质、丢失的适宜环境的设施中。应规定记录的保存期限。

【确认关注点】 现场核查存放记录的档案室设施环境是否适宜，是否规定了各类记录的保存期。

【原文】 4.13.1.3 所有记录应予安全保护和保密。

【确认关注点】 现场核查记录档案的管理措施能否做到安全保护和保密。

【原文】 4.13.1.4 检测检验机构应有程序保护和备份以电子形式存储的记录，并防止未经授权的侵入或修改。

【确认关注点】 核查是否建立了以电子形式存储记录的控制程序。

【原文】 4.13.2 技术记录

【原文】 4.13.2.1 检测检验机构应保持一个技术记录体系，以表明有效执行检测检验程序，且能够对检测检验活动进行评价。检测检验机构应将原始观察（包括影像）、导出数据和建立审核路径的充分信息的记录、员工记录以及发出的每份检测检验报告的副本按规定的时间保存。记录的保存期应与安全责任追溯时限的需求或客户的要求相适应，但不少于6年。每项检测检验的记录应包含充分的信息，以便在需要时识别不确定度的影响因素，并确保该检测检验活动在尽可能接近原条件的情况下能够复现。记录应包括负责抽样的人员和供样人、每项检测检验的操作人员和结果校核人员的签名或等效标识。

【确认关注点】

(1) 检测检验机构对检测检验原始记录是如何规定的？其包含的信息是否充分，能否确保该检测检验活动在尽可能接近原条件的情况下能够复现，是否有相关人员的签字。需要计算的，其计算过程是否受控且清楚易懂。

(2) 检测检验报告和原始记录档案等是否按规定的时间保存，存档是否规范。

【原文】 4.13.2.2 观察结果、数据和计算应在产生的当时予以记录，以防止丢失有关信息，并能按照特定任务分类识别。

【确认关注点】 核查原始记录的原始性和真实性，各类原始记录格式是否受控。数据的计算是否采用了 GB/T 8170—2008《数值修约规则与极限数值的表示和判定》。

【原文】 4.13.2.3 当记录中出现错误时，每一错误应划改，不可擦涂掉，以免字迹模糊或消失，并将正确值填写在其旁边。对记录的所有改动应有改动人的签名或等效标识。对电子存储的记录也应采取同等措施，以避免原始数据的丢失或改动。

【确认关注点】 核查原始记录的更改是否符合规定的要求。

二、需要重点关注的事项

记录是管理体系运行结果和记载检测检验数据、结果的证明文件。记录一般分为质量记录和技术记录。质量记录包括内部审核、管理评审、投诉、纠正措施与预防措施等管理体系活动中产生的记录。技术记录包括抽样、检测检验的原始记录等检测检验活动的记录，每项技术记录应包含充分的信息，以便在可能时确保该活动在尽可能接近原条件的情况下能够复现。评审中重点关注：

1. 安全生产检测检验机构是否制定了适合自身具体情况的记录控制程序。

2. 所有的记录是否清晰明了，是否是工作当时进行的记录，而不是事后的补记或追记。无论是文本记录还是电子记录是否都按照规定进行控制，是否规定了记录的保存期，保存环境是否符合要求，记录是否保密、安全，记录是否很好地分类、便于存取，是否有防止数据的丢失或未经允许的改动的措施等。

3. 质量记录和技术记录的信息是否“足够”，技术记录是否能够达到确保“在尽可能接近原条件的情况下能够复现”的程度。

4. 当记录中出现错误时进行的更改是否采取了划改的方式，被划改的内容是否能清晰可辨，是否有改动人的签名记录。

三、能力确认中的常见问题

1. 使用空白纸记录检测检验数据。

2. 原始记录计量单位表述不一致。

3. 原始记录随意涂改，更改不规范。

4. 原始记录签字不全。

5. 原始记录不原始，未当场予以记录。

6. 原始记录未体现计算过程，导出数据没有计算记录和计算值。

7. 原始记录未附上自动化设备直接打印出的记录。

8. 记录仅描述为：符合要求，无直接具体描述。

9. 原始记录中记录的信息不充分，无法确保检测检验活动在尽可能接近原条件的情况下能够复现。

10. 未规定各类记录的保存期。

11. 出具的正式检测检验报告中，部分项目的检测检验数据和检测检验结果无法溯源到原始记录。

12. 原始记录中无使用设备的相关信息。

13. 原始记录中该记录检测检验数据的地方未记录具体数据。

14. 检测检验过程持续几天，原始记录中环境条件只有一个值。

第十四节　内 部 审 核

一、能力确认关注点

【原文】 4.14.1　检测检验机构应建立和保持管理体系内部审核的程序，以验证其运作是否持续符合管理体系文件和本标准的要求，并识别所有改进的机会。内部审核计划应涉及管理体系的全部要素，包括所有检测检验活动。质量负责人负责按照日程的要求和管理层的需要策划和组织内部审核，策划时应考虑拟审核的过程和区域的重要性及以往审核的结果。审核应由经过培训、具备能力并获得授权的人员来执行，审核人员应独立于被审核的活动。内部审核的周期不超过一年。

【确认关注点】 核查机构是否建立了内部审核的控制程序，核查机构的内部审核存档记录，重点关注：内部审核是否有计划，计划中是否规定了内部审核涉及的管理体系要素及检测检验活动；内部审核是否根据实际情况编制了检查表；内审员是否经过培训并取得相应资格，是否有书面授权，内审员与被审核的活动是否相关；内部审核的周期是否超过一年。

【原文】 4.14.2　当审核中发现的问题导致对运作的有效性，或对检测检验结果的正确性或有效性产生怀疑时，检测检验机构应及时采取纠正措施。如果调查表明检测检验机构的结果可能已受影响，应书面通知客户。

【确认关注点】 核查内部审核中的纠正措施记录，关注其处理措施是否到位。

【原文】 4.14.3　审核活动的领域、审核发现的情况和因此采取的纠正措施，应予以记录。审核结果应形成文件，并告知被审核区域的负责人。

【确认关注点】 内部审核是否有检查表，检查表中的内容是否覆盖了管理体系的全部要素，内审发现的问题是否形成了记录，是否采取了纠正措施并进行有效关闭。内审是否形成了内部审核报告，是否通报了被审核区域的负责人。

【原文】 4.14.4　跟踪审核活动应验证和记录纠正措施的实施情况及有效性。

【确认关注点】 跟踪审核时是否对不符合的纠正措施实施情况进行了验证，有效性如何。

二、需要重点关注的事项

内部审核指安全生产检测检验机构按照管理体系文件的规定，对其管理体系的各个环节开展的有计划、系统、独立的检查活动，是对管理体系运行的符合性进行的自我评价。内部审核的主要依据是安全生产检测检验机构的管理体系文件。评审中重点关注：

1. 安全生产检测检验机构是否制定了内部审核控制程序，并按照审核计划规定的时间和规定的审核程序实施内部审核，以验证管理体系的符合性和有效性。

2. 内审员是否经过培训教育，是否有培训合格记录，是否经过授权，在条件允许时内审员是否能够尽量做到独立性。

3. 是否制定了内部审核计划，计划是否保证一个审核周期内（一般为一年）审核涵盖所有体系条款和所有检测检验活动、所有部门。

4. 是否结合机构实际编制了内部审核检查表，是否有详细的审核记录，不符合项报告是否规范。

5. 是否编制了内部审核报告，并经主管领导审批后下发至有关部门。

6. 审核发现的不符合项是否采取了纠正措施，是否对纠正措施进行了跟踪验证。

7. 审核中发现的问题导致对运作的有效性，或对检测检验结果的正确性或有效性产生怀疑时，如果调查表明结果可能已受影响，是否用书面形式通知客户。

8. 内部审核结果是否作为管理评审的输入。

三、能力确认中的常见问题

1. 年度内部审核未覆盖组织机构图中的所有部门和管理体系中的所有要素。

2. 内审检查表没有内审员签名。

3. 从事内部审核的内审员未经授权。

4. 内审中发现了不符合事实，但未按规定开具不符合报告。

5. 内审的依据不准确。

6. 内审无检查表，或检查表的内容不能覆盖管理体系的全部要素。

7. 内审中发现的不符合未按期整改。

第十五节　管 理 评 审

一、能力确认关注点

【原文】 4.15.1　最高管理者应根据预定的日程和程序，定期对管理体系和检测检验活动进行评审，以确保其持续适用和有效，并进行必要的变更或改进。管理评审的周期通常为 12 个月。内部审核发现的不符合对管理体系的有效性和适宜性产生怀疑时，应及时进行附加管理评审。评审应考虑到：

a）近期内部审核和外部审核的结果；

b）投诉、客户和相关方反馈；

c）纠正措施和预防措施；

d）以往管理评审的跟踪措施；

e）目标的完成情况；

f）可能影响管理体系的变更；

g）质量控制的结果；

h）管理和监督人员的报告；

i）改进的建议；

j）政策和程序的适用性；

k）工作量和工作类型的变化；

l）资源以及员工培训；

m）日常管理会议中有关议题的研究；

n）应对风险和机遇所采取措施的有效性；

o）其他相关因素。

【确认关注点】 核查机构是否建立了管理评审控制程序、管理评审存档记录，重点关注：管理评审是否有计划，管理评审的周期是否为 12 个月，管理评审的主持人是否为最高管理者，管理评审的输入是否包括了以上规定的内容，材料是否充分等。

【原文】 4.15.2　管理评审的输出应输入检测检验机构的策划系统，包括（但不限于）以下相关决定和措施：

a）下年度的目的、目标和活动计划；

b）管理体系有效性及其过程有效性的改进；

c）满足相关标准的改进；

d）资源需求。

【确认关注点】 核查机构的管理评审报告，关注管理评审形成的决定和措施，其输出是否适宜，是否具有可操作性。

【原文】 4.15.3　应记录管理评审中的发现和由此采取的措施。管理者应确保这些措施在适当和约定的时限内得到实施。

【确认关注点】 核查机构的管理评审存档记录是否齐全；管理评审形成的决定和措施是否规定了完成时间，是否在规定的时间内得到实施，是否进行了验证。

二、需要重点关注的事项

管理评审是最高管理者组织的对本机构的管理体系的整体有效性和适宜性进行综合评价的活动。组织管理评审活动是最高管理者的职责之一。评审中重点关注：

1. 安全生产检测检验机构是否制定了管理评审程序，是否按照管理评审计划规定的时间和规定的程序实施管理评审。

2. 是否编制了管理评审实施计划，以明确评审时间、地点、参加人员、评审输入信息及责任部门或责任人员等信息，并保证评审周期一般不超过 12 个月。

3. 管理评审的输入信息是否全面，特别是上次管理评审提出的改进措施的验证情况等内容是否纳入管理评审。

4. 管理评审的记录是否齐全，是否形成管理评审报告；评审报告及输入信息是否归档保存；管理评审所确定的改进措施是否在约定的日程内得到实施并进行了验证。

三、能力确认中的常见问题

1. 管理评审不是由最高管理者主持。
2. 管理评审输入信息不全，所附证据不充分。
3. 管理评审未对质量目标、上一年度改进实施情况进行评审。
4. 管理评审输出内容较空洞，光提口号，无实际可操作性，也无法考核。
5. 管理评审报告无结论。
6. 管理评审报告未经机构最高管理者确认。

第四章 技术能力确认关注点

AQ/T 8006—2018 中规定的技术要求分为 10 个要素，分别是总则，人员，设施和环境条件，方法及方法的确认，设备，测量溯源性，抽样，物品的处置，结果质量的保证，结果报告。

以下按 AQ/T 8006—2018 标准中的条款号列出了技术要求原文，针对每个条款的要求给出了确认关注点，并对每个要素列出了需要重点关注的事项及能力确认中的常见问题，供能力确认时参考。

第一节 总 则

一、能力确认关注点

【原文】 5.1.1 决定检测检验机构检测检验的正确性和可靠性的因素主要包括：

a）人员；

b）设施和环境条件；

c）方法及方法的确认；

d）设备；

e）测量溯源性；

f）抽样；

g）物品的处置。

【确认关注点】 为了保证检测检验的正确性和可靠性，机构是否对以上因素进行足够重视。

【原文】 5.1.2 上述因素对总的测量不确定度的影响程度，在各类检测检验之间明显不同。检测检验机构在制定检测检验的方法和程序、培训和考核人员、选择和检定/校准所用设备时，应考虑到这些因素。

【确认关注点】 机构是否结合自身的检测检验业务特点，强化了对某种因素的控制要求。

二、需要重点关注的事项

安全生产检测检验机构是否结合自身特点对影响检测检验的正确性和可靠性的因素进行分析，是否分析了对不确定度的影响程度；在制定检测检验的方法和程序、培训和考核人员、选择和检定/校准所用设备时，是否考虑其影响。

1. 管理手册中是否充分体现和覆盖“5.1 总则”的指导原则。

2. 安全生产检测检验机构是否定期评审了这个要素。

三、能力确认中的常见问题

对新开展项目的评审未按本条规定开展全方位评审。

第二节 人 员

一、能力确认关注点

【原文】 5.2.1 检测检验机构应建立和保持人员管理程序，确保人员的录用、培训、管理等规范进行。应确保所有从事抽样、检测检验、评价结果、签发检测检验报告、提出意见和解释、质量监督、内部审核以及操作设备等工作人员的能力，根据相应的教育、培训、技能和经验进行能力确认并持证上岗，每个项目/参数的检测检验人员不得少于2人。从事国家规定的特定检测检验的人员应具有符合相关法律、法规、规章和标准规范所规定的能力或资格。

【确认关注点】 核查机构是否建立了人员管理程序，人员管理程序中是否明确了对人员录用、培训、管理等规定。对从事抽样、检测检验、评价结果、签发检测检验报告、提出意见和解释、质量监督、内部审核以及操作设备等工作人员是否明确了任职的条件，是否进行了相应的培训和考核，是否持证上岗。为了保证检测检验的公正性，每个项目的检测检验人员不得少于2人。对从事国家规定的特定检测检验的人员（如无损探伤），还应取得相应的资格证书。

【原文】 5.2.2 主持检测检验工作的负责人、技术负责人、质量负责人应具有与所从事业务相适应的高级技术职称，应有8年以上与安全生产相关的检测检验工作经历。

【确认关注点】 主持检测检验工作的负责人、技术负责人、质量负责人是否取得高级技术职称，其专业、经验、经历是否与机构从事的检测检验业务相适应，技术负责人、质量负责人的专业、经验、经历对检测检验机构尤为重要。

【原文】 5.2.3　授权签字人应具备以下条件：

a）具有相关专业高级技术职称；

b）具有5年以上与其授权签字能力范围相关的检测检验经历；

c）具有并熟悉相应的职责和权利，能对检测检验结果的完整性和准确性负责；

d）与检测检验技术接触紧密，掌握有关的检测检验项目限制范围；

e）熟悉有关检测检验标准、方法及规程；

f）有能力对相关检测检验结果进行评定，了解测量结果的不确定度；

g）熟悉记录、报告及其核查程序；

h）熟悉法律、法规、规章等涉及检测检验的相关规定。

【确认关注点】 核查机构是否规定了授权签字人的任职条件，现场考核授权签字人是否满足规定的条件，重点关注授权签字人从事与授权签字能力范围相关的检测检验工作经历，对检测检验报告核查程序、检测检验标准、检测检验机构相关管理规定等的熟悉情况，考核其对检测检验报告的把关能力。

【原文】 5.2.4　对检测检验报告提出意见和解释负责的人员，除了具备相应的资格、培训、经验以及所进行的检测检验方面的充分知识外，还需具有：

a）制造被检设备、产品、材料等所用的相关技术知识、已使用或拟使用方法的知识、在使用过程中可能出现的缺陷或降级等方面的知识；

b）法规和标准中阐明的通用要求的知识；

c）对相关设备、产品和材料等非正常使用时所产生影响程度的了解。

【确认关注点】 核查机构是否有对检测检验报告提出意见和解释的情况，如果有，是否明确了对检测检验报告提出意见和解释负责的人员，其专业能力、知识、经历、经验是否适宜。

【原文】 5.2.5　检测检验人员应当熟悉安全生产法律法规、规章、标准和有关规定，具备检测检验工作所需要的专业知识和能力，经过专业培训和考核合格，方可从事检测检验工作，且只在一个检测检验机构中从事检测检验工作。检测检验机构应制定包括安全教育在内的检测检验人员的教育、培训和技能目标，培训需求应考虑相关人员的能力、资格、经验、监督结果等。培训计划应与检测检验机构当前和预期的任务相适应，并评价这些培训活动的有效性。形成文件的培训程序应分成以下阶段：

a）上岗培训阶段；

b）在资深检测检验人员指导下的实习工作阶段；

c）与检测检验技术和方法发展同步的持续培训阶段。

【确认关注点】 核查机构是否明确了检测检验人员的任职条件，检测检验人员是否满足以上前提条件；是否建立了人员培训程序，培训程序是否关注了上岗培训、实习工作培训、持续提高培训等阶段；是否制订了年度人员培训计划和培训目标，培训计划是否结合了机构的现实需求，培训计划是否实施，有无培训实施记录，对培训的有效性是否进行了评价。

【原文】 5.2.6 检测检验机构应依法与检测检验人员建立劳动关系。在使用其他聘用的技术人员及关键支持人员时，检测检验机构应确保这些人员胜任工作且受到监督，并按照管理体系文件要求工作。

【确认关注点】 核查检测检验人员与机构是否签订有劳动合同；对于其他聘用的技术人员及关键支持人员，根据其在机构中从事的工作性质、工作内容，核查其能力、融入机构的程度等是否满足要求。

【原文】 5.2.7 检测检验机构应保留与检测检验有关的管理人员、技术人员和关键支持人员的岗位描述。岗位描述至少应规定以下内容：

a）所需的专业知识和经验；

b）资格和培训经历；

c）从事检测检验工作的职责；

d）检测检验策划和结果评价的职责；

e）提出意见和解释的职责；

f）方法改进、新方法制定和确认的职责；

g）管理职责。

【确认关注点】 核查机构是否结合自身的岗位设置，建立了与检测检验有关的管理人员、技术人员和关键支持人员的岗位任职条件和职责，岗位描述的内容是否覆盖了以上要求。

【原文】 5.2.8 检测检验机构应授权监督员，采取现场观察、报告复核、面谈、模拟检测检验以及其他评价被监督人员表现的方法，监督所有检测检验人员，以确保检测检验活动符合要求。监督结果应作为识别培训需求的一种方式。

【确认关注点】 核查机构是否以文件形式授权了监督员，核查监督记录；是否采用以上一些监督方法对检测检验人员进行了有效监督；监督结果的输出是否作为培训需求的输入。

【原文】 5.2.9 检测检验机构应保留所有人员的相关授权、能力、教育、资格、培训、技能、经验和监督的记录，并包含授权、能力确认的日期。这些信息应易于获取。

【确认关注点】 核查机构是否建立了员工档案，以上要求的记录是否均进入员工档案。

【原文】 5.2.10　*检测检验机构不应以影响检测检验结果的方式向检测检验人员支付薪酬，检测检验人员应行为公正。*

【确认关注点】 核查机构在制度建设和实施方面是否满足要求。

二、需要重点关注的事项

人员是安全生产检测检验机构最宝贵的资源，其素质与水平很大程度上决定着安全生产检测检验机构的水平高低与优劣。因此，对安全生产检测检验机构的人员素质与水平，特别是关键技术人员的任职资格重点关注，包括受教育程度、工作能力、工作经验等。评审中重点关注：

1. 安全生产检测检验机构是否能确保所有人员的能力；对使用在培员工时是否安排了适当的监督；是否对员工的技能进行了资格确认；人员的资格证书是否符合法规、标准等有关要求；人员是否经培训合格持证上岗。

2. 是否根据所开展的检测检验工作特点与工作量配备了适量的技术和管理人员；其专业技术人员、中级以上技术职称人员、高级技术职称人员和注册安全工程师的配备是否满足资质认可机关的规定要求。

3. 主持检测检验工作的负责人、技术负责人、质量负责人是否具有与所从事业务相适应的技术职称，是否具有相应的与安全生产相关的检测检验工作经历。

4. 授权签字人、对检测检验报告所含意见和解释负责的人员是否具备规定的条件。

5. 检测检验人员是否熟悉安全生产法律、法规、规章、标准和有关规定，具备安全生产检测检验工作所需要的专业知识和能力，经过专业培训和考核，并只在本安全生产检测检验机构中从事检测检验工作。

6. 是否确定了培训目标；是否制订并有效实施了包括安全教育在内的培训计划；培训计划是否与当前和预期的检测检验任务相适应；是否对培训活动的有效性进行了评价，并将其作为管理评审的输入。

7. 检测检验人员是否与检测检验机构签订劳动合同，鉴别其是否为该机构的全职人员（非挂靠人员）；在使用其他技术人员（如临时聘用）及关键支持人员（如设备、材料采购人员）时，是否确保这些人员胜任工作且受到监督，确保其工作符合管理体系的要求。

8. 管理体系文件中是否对与检测检验有关的管理人员、技术人员和关键支持人员的岗位条件和职责进行描述，人员实际条件是否与规定相符。

9. 是否建立了所有在编人员的相关授权、能力、教育和专业资格、培训、技能和经验的人员档案；档案管理是否符合规定要求，是否易于获取，是否及时更新。

三、能力确认中的常见问题

1. 不能提供检测检验人员专业培训和能力确认的记录，未持证上岗。
2. 出现单人检测检验。
3. 机构主持检测检验工作的负责人、技术负责人、质量负责人的专业技术职称不能满足规定的要求。
4. 对检测检验人员的专业技术培训不够，且未经考核合格后书面授权。
5. 未对提出意见和解释人员、操作特定类型设备的人员进行专门授权。
6. 人员培训计划的制订未结合自身的业务需求，无针对性。
7. 人员培训记录过于简单，没有具体培训内容，没有参培人员参加具体培训项目的考试/考核记录，没有对培训的有效性进行评价。
8. 人员档案中记录不全，相关授权记录等未进入个人档案。
9. 未规定检测检验人员行为规范。

第三节　设施和环境条件

一、能力确认关注点

【原文】 5.3.1　用于检测检验的设施，包括（但不限于）能源、照明等，应有利于检测检验的正确实施且满足相关标准规范的要求。

检测检验机构应确保其环境条件不会使检测检验结果无效，或不会对所要求的检测检验质量产生不良影响。在检测检验机构固定设施以外的场所进行抽样、检测检验时，应予以特别注意。对影响检测检验结果的设施和环境条件的技术要求应制定成文件。

【确认关注点】 结合机构业务范围内检测检验对象的特点和相关标准规范的要求，核查机构是否对影响检测检验结果的设施和环境条件的技术要求制定了相关文件，如果有在检测检验机构固定设施以外的场所进行抽样、检测检验的情况，重点关注机构是如何控制设施和环境条件的。把握的前提是满足相关标准规范的要求。

【原文】 5.3.2　相关标准规范、方法和程序有要求，或对结果的质量有影响时，检测检验机构应监测、控制和记录环境条件。对诸如生物消毒、灰尘、电磁干扰、辐射、湿度、供电、温度、声级和振级等应予以重视，使其适应于相关的技术活动要求。当环境条件危及到检测检验的结果时，应停止检测检验活动。

【确认关注点】 按照相关标准规范的要求，核查机构对监测、控制和记录环境条件的能力和效果。利用现场参观的机会，留意检测检验机构对环境条件的控制措施。

【原文】 5.3.3 应将不相容活动的相邻区域进行有效隔离，采取措施以防止交叉污染。

应对影响检测检验质量的区域、涉及安全的区域的进入和使用加以控制，并根据其特定情况确定控制的程度并正确标识。

应采取措施确保检测检验机构的良好内务，必要时应制定专门的程序。

【确认关注点】 利用现场参观的机会，留意检测检验机构的试验室内务管理情况，是否将不相容活动的相邻区域进行了隔离，隔离措施是否安全有效，禁止随意进入的区域是否有隔离措施和醒目的警示标志，控制范围和控制措施是否得当。

【原文】 5.3.4 应建立并保持安全作业的管理程序，确保危险化学品、有毒化学品、有害生物、电离辐射、高温、高电压、坠落、机械伤害以及水、气、火、电等危及安全的因素和环境得以有效控制，并有相应的应急处理措施，如配置停电、停水、防火、防毒等应急的安全设施，进行现场检测检验时尤其应该注意。

【确认关注点】 核查机构是否建立了安全作业的管理程序，结合机构业务范围内检测检验对象的特点和相关标准规范的要求，核查机构是否对危及安全的因素和环境进行了有效控制，是否建立有相应的应急处理措施。从事现场检测检验的机构，是否结合自身的业务特点建立有相应的安全作业程序。

【原文】 5.3.5 应建立并保持环境保护程序，具备相应的设施设备，确保检测检验活动所产生的废气、废液、粉尘、噪声、固体废物等的处理符合环境和健康的要求，并有相应的应急处理措施。

【确认关注点】 核查机构是否建立了环境保护程序，结合机构业务范围内检测检验对象的特点关注其是否建立有相应的环保设施设备，关注其处理效果如何，是否建立有相应的应急处理措施。

二、需要重点关注的事项

设施和环境条件是检测检验工作的重要基础条件，为了保证检测检验结果准确可靠，安全生产检测检验机构必须配置相应的设施和环境条件。根据安全生产检测检验的工作特点，安全生产检测检验机构的设施与环境条件还应满足对工作人员的健康安全防护、对环境的安全防护等要求，特别是对从事现场检测的安全生产检测检验机构尤其要予以关注。评审中重点关注：

1. 对影响检测检验结果的设施和环境条件的技术要求是否已制定成文件；用于检测检验的设施，包括能源、照明和环境条件等是否有利于检测检验工作的正确实施，是否存在使检测检验结果无效或对所要求的检测检验质量产生不良影响的情况；在安全生产检测检验机构固定设施以外的场所进行抽样、检测检验时，是否对环境条件和设施有附加要求，控制情况如何。

2. 需要监测、控制和记录环境条件时，安全生产检测检验机构是否采取了相应措施；监控设施是否定期检定/校准，并有检定/校准状态标识。当环境条件危及到检测检验的结果时，是否立即停止检测，是否按照不符合检测工作的要求进行了控制。

3. 是否对不相容活动的相邻区域进行了有效隔离，并采取措施以防止交叉污染；对影响检测检验质量的区域、涉及安全的区域的进入和使用是否加以控制，是否明文规定，是否有正确标识；是否有必要的内务管理程序，实施效果如何。

4. 是否按照安全生产法律法规、标准等要求建立并保持了安全作业的管理程序，对危及安全的因素和环境是否进行有效控制，并有相应的应急处理措施；对从事现场检测检验工作的机构，是否制定了现场检测安全作业的管理规定，实施有效性如何；是否配备有必要的职业健康和人员安全防护措施，进行过必要的技术培训。

5. 是否按照环保的要求建立并保持了环境保护程序，正确配备了相应的设施设备，确保检测检验活动所产生的废气、废液、粉尘、噪声、固体废物等的处理符合环境和健康的要求；是否有相应的应急处理措施；处置效果是否符合环保要求，是否留有记录。

三、能力确认中的常见问题

1. 检测检验环境不能保证符合标准规定的要求。

2. 不相容的检测检验活动，设置在同一个区域内进行。

3. 危险气瓶未进行有效隔离。

4. 制备煤炭样品设备分散放置，制样环境不利于制样正确实施。

5. 对温湿度有要求的试验，无环境温度和相对湿度控制装置。

6. 对于试验时禁止进入的试验区未隔离、未设置警示标志。

7. 甲烷（CH_4）、氢气（H_2）、氧气（O_2）、氮气（N_2）等气体钢瓶无气体种类标志。

8. 使用有毒有害类气体进行检验的试验场所，无有效的隔离和通风设施。

9. 使用甲烷（CH_4）的实验室未配置甲烷浓度自动检测报警仪。

10. 对于可能具有危险性的试验，试验时无安全防护措施或安全防护措施不到位。

11. 燃烧实验设备没有设置废气处理排放系统。

12. 天平安置台不稳固。

13. 甲烷等气瓶无防撞防倒措施。

14. 跌落试验设施安全距离不足。

15. 未按试验设备规定安装通风设施。

16. 工频耐压试验区域无地板绝缘措施、无隔离保护措施。

17. 建立的环境保护管理程序中未对检测检验活动中所产生的废气、废液、粉尘的处理作出明确规定。

18. 未结合机构自身的实际情况建立环境保护程序。

第四节 方法及方法的确认

一、能力确认关注点

【原文】 5.4.1 总则

检测检验机构应使用适合的方法和程序进行所有检测检验，包括检测检验对象的抽样、处理、运输、存储和准备，适当时，还应包括测量不确定度的评定、分析检测检验数据的统计技术。

如果缺少指导书可能影响检测检验结果，检测检验机构应具有所有相关设备的使用和操作指导书和（或）处置、准备检测检验样品的指导书。如果标准规范已包含了如何进行检测检验的充分信息，并且这些标准规范是以可以被检测检验机构操作人员使用的方式书写时，则不需再进行补充或改写为内部作业文件。对方法中的可选择步骤，可能有必要制定附加细则或补充文件。所有与检测检验机构工作有关的指导书、标准规范、手册和参考资料应保持现行有效并易于员工取阅。

如确需方法偏离，应有文件规定，经技术判断和批准，并征得客户同意。

【确认关注点】 核查机构进行的所有检测检验是否采用适合的方法和程序，关注样品的抽取、样品预处理、样品制备、样品存放等环节是否符合相关标准规范规定的要求。必要时，核查检测检验用相关设备的使用和操作指导书和检测检验样品处置、准备的作业指导书是否具有可操作性，关注检测检验依据标准规范是否最新有效，相关作业指导书的内容是否与之匹配且受控，与相关标准规范的规定相比较，实际使用的检测检验方法是否发生了偏离，偏离是否履行了规定的程序。

【原文】 5.4.2 方法的选择

检测检验机构应采用满足客户需求并适用于所进行的检测检验的方法，包括抽样的方法。应优先使用与安全生产相关的国家标准、行业标准、团体标准、地方标准规定的方法。检测检验机构应确保使用标准的有效版本，除非该版本不适宜或不可能使用。必要时，应采用附加细则对标准加以说明，以确保应用的一致性。

当客户未指定所用方法时，检测检验机构应从与安全生产相关的国家标准、行业标准、团体标准、地方标准规定的方法中选择合适的方法。检测检验机构自制的方法如能满足预期用途并经过确认，也可使用。所选用的方法应通知客户。检测检验机构在初次使用标准方法之前，应证实其能正确地运用这些标准方法。如果标准方法发生了变化，应重新进行证实。

当客户指定的方法是企业的方法时，检测检验机构应转换为自制的方法。

当认为客户建议的方法不适合或已过期时，检测检验机构应通知客户。

国际标准或区域标准发布的方法、非标准方法，仅限在特定客户的检测检验中使用。

【确认关注点】 核查机构选择的检测检验方法是否适宜，关注国家标准、行业标准、团体标准、地方标准的有效性。有无机构自制的检测检验方法，如有，是否履行了确认程序。

【原文】 5.4.3 非标准方法

当不得不使用标准方法中未包含的非标准方法时，应事先征得客户同意，并告知客户相关方法可能存在的风险。非标准方法包含检测检验机构制定的方法、超出其预定范围使用的标准方法、扩充和修改过的标准方法等。应制定非标准方法的程序，程序中至少应包含下列信息：

a）适当的标识；

b）范围；

c）被检对象类型的描述；

d）被测定的参数或量和范围；

e）设备，包括技术性能要求；

f）所需的参考标准和标准物质；

g）要求的环境条件和所需的稳定周期；

h）程序的描述，包括：

——物品的附加识别标志、处置、运输、存储和准备；

——工作开始前所进行的检查；

——检查设备工作是否正常，需要时，在每次使用之前对设备进行校准和调整；

——观察和结果的记录方法；

——需遵循的安全措施；

i）接受（或拒绝）的准则、要求；

j）需记录的数据以及分析和表达的方法；

k）不确定度或评定不确定度的程序。

【确认关注点】 核查机构是否存在使用非标准方法情况，检测检验机构自制的方法、超出其预定范围使用的标准方法、扩充和修改过的标准方法等均属于非标准方法。如果机构存在使用非标准方法情况，是否建立了非标准方法的制定程序，其内容是否满足以上规定。

【原文】 5.4.4　检测检验机构自制的方法

需要时，检测检验机构应指定具有足够资源的有能力的人员按计划自行制定检测检验方法，以满足其应用。

计划应随检测检验方法制定的进度加以更新，并确保所有有关人员之间的有效沟通。

【确认关注点】 核查机构是否存在使用自定的检测检验方法情况，如有，关注其方法的制定程序是否满足以上要求。

【原文】 5.4.5　非标准方法的确认

【原文】 5.4.5.1　检测检验机构应对非标准方法进行确认，以证实该方法适用于预期的用途。确认应尽可能全面地通过检查并提供客观证据，判定方法是否满足预定用途或应用领域的需要。检测检验机构应记录所获得的结果、使用的确认程序以及该方法是否适合预期用途的结论。

确认可包括对抽样、处置和运输程序的确认。

用于确定某方法性能的技术应当是下列之一，或是其组合：

a）使用参考标准或标准物质进行验证；

b）与其他方法所得的结果进行比较；

c）检测检验机构间比对；

d）对影响结果的因素作系统性评审；

e）根据对方法的理论原理和实践经验的科学理解，对所得结果不确定度进行的评定。

当对已确认的非标准方法作某些改动时，应当将这些改动的影响制定成文件，适当时应当重新进行确认。

【确认关注点】 核查机构是否存在使用非标准方法情况，如果有，须对非标准方法进行确认，以证实该方法适用于预期的用途。核查存档的确认记录，关注机构采取的确认程序、确认过程、技术要求、确认方法等是否满足以上规定要求。

【原文】 5.4.5.2 按照预期用途对确认方法进行评价时，方法所得值的范围和准确度应适应客户的需求。

【确认关注点】 对非标准方法进行确认的结果（方法所得值的范围和准确度），应能满足客户的需求。

【原文】 5.4.6 测量不确定度的评定

【原文】 5.4.6.1 进行内部校准的检测检验机构应具有并应用评定测量不确定度的程序，用以评定所有的校准和各种校准类型的测量不确定度。

【确认关注点】 对于进行内部校准的检测检验机构，要求建立评定测量不确定度的程序，并有所有各种类型校准测量不确定度的评定实施记录。

【原文】 5.4.6.2 相关检测检验方法中有测量不确定度的要求时，检测检验机构应具有并应用评定测量不确定度的程序。某些情况下，检测检验方法的性质会妨碍对测量不确定度进行严密的计量学和统计学上的有效计算。这种情况下，检测检验机构至少应努力找出不确定度的所有分量且做出合理评定，并确保结果的报告方式不会对不确定度造成错觉。合理的评定应依据对方法特性的理解和测量范围，并利用诸如过去的经验和确认的数据。

某些情况下，检测检验方法规定了测量不确定度主要来源的值的极限和计算结果的表示方式时，检测检验机构应遵守该检测检验方法和报告的说明。

【确认关注点】 对于所有检测检验机构，要求建立评定测量不确定度的程序。在由于检测检验方法的特性而无法进行测量不确定度的计算时，至少应努力找出不确定度的所有分量且做出合理评定，并确保结果的报告方式不会对不确定度造成错觉。

【原文】 5.4.6.3 不确定度的来源包括所用的参考标准和标准物质、方法和设备、环境条件、检测检验对象的性能和状态以及操作人员等。在评定测量不确定度时，对给定情况下的所有重要不确定度分量，均应采用适当的分析方法加以考虑。

【确认关注点】 核查机构建立的评定测量不确定度的程序和相关评定记录，关注对不确定度的来源和分析是否充分适宜。

【原文】 5.4.7 数据控制

【原文】 5.4.7.1 应对计算和数据转移进行系统和适当的检查。

【确认关注点】 核查机构是否对计算和数据转移进行了规定。

【原文】 5.4.7.2 当利用计算机或自动设备对检测检验数据进行采集、处理、记录、报告、存储或检索时，检测检验机构应确保：

a）由检测检验机构开发的计算机软件应被制定成足够详细的文件，并对其适用性进行适当确认和记录，通用的商业现成软件（如文字处理、数据库和统计程序），在其设计的应用范围内可认为是经充分确认的，但检测检验机构对软件进行了配置或调整时，则应当进行确认并记录。可由下列方法确认计算机软件是适用的：

——使用前的运算确认；

——相关硬件或软件的定期再确认；

——相关硬件或软件改变后的再确认；

——需要时的软件升级；

b）建立并实施数据保护的程序。这些程序应包括（但不限于）数据输入或采集、数据存储、数据传输和数据处理的原始性、完整性和安全保密性等；

c）维护计算机和自动设备以确保其功能正常，并提供保护检测检验数据完整性所必需的环境和运行条件。

【确认关注点】 核查机构是否存在自己开发的计算机软件或利用通用的商业现成软件开发的用于某种专门用途的软件，如果有，该类软件必须经过确认并须提供确认记录，关注确认方法是否适宜。核查机构是否建立了数据保护的程序，程序的内容是否包括了以上规定的要求，是否对涉及数据计算和数据传输的计算机和自动化设备进行了必要的维护。

二、需要重点关注的事项

检测检验方法是安全生产检测检验机构实施检测检验工作的依据，也是确认安全生产检测检验机构技术能力的依据。评审中重点关注：

1. 安全生产检测检验机构是否使用了合适的方法和程序来进行检测检验工作；是否有结合自身特点的检测检验方法或程序。

2. 是否建立有必要的设备操作规程、样品制备、补充的检测检验细则等作业指导书。对于技术力量相对薄弱或者新开展的检测检验工作，或设备厂家提供的操作手册内容不翔实，或使用的文字语言（如英文、日文）使得使用人员无法准确阅读等情况，必须制定作业指导书。

3. 有关的作业指导书、标准、手册和参考资料是否现行有效并易于员工取阅。

4. 对检测检验方法的偏离是否予以控制；是否有文件规定，且经相关技术单位验证其可靠性并由安全生产检测检验机构技术负责人批准和征得客户同意。

5. 安全生产检测检验机构使用的检测检验方法（包括抽样方法）是否能够满足客户需求；是否优先使用与安全生产检测检验相关的国家、行业、团体、地方标准规定的方法；使用的标准是否是最新有效版本；当认为客户建议的方法不适合或已过期时，安全生产检测检验机构是否明确通知客户。

6. 一般来说，除委托性质的检测检验或具有试验性质的新产品测试等可以使用非标准方法或委托方提供的方法外，安全标志检验、在用设备定期检验、仲裁检验等需要出具具有证明作用的数据和结果的检测检验均应采用相关的国家、行业、团体、地方标准规定的方法。当有必要使用非标准方法时，是否征得客户的同意、理解客户的要求、明确检测检验的目的。

7. 安全生产检测检验机构如果有自己开发新方法的情况，是否指定具有足够资源的有资格的人员按计划进行；计划是否随检测检验方法制定的进度加以更新，并确保所有有关人员之间的有效沟通。

8. 安全生产检测检验机构使用非标准方法（安全生产检测检验机构自制的方法、超出其预定范围使用的标准方法、扩充和修改过的标准方法）时，是否按照开展新的检测检验工作的管理程序对所使用的设备、环境条件、人员技术等条件进行确认，并提供相应的验证证明。

9. 关于标准更新。一般情况下，若标准只是年号发生变化，其检测检验方法、技术要求没有变化，安全生产检测检验机构只需进行简单确认，将变化情况汇总后报资质认可机关办理变更备案手续即可。如果不仅年号发生变化，而且检测检验方法、技术要求均发生变化，必须重新配备相应设备才能满足要求，这种情况属于检测检验项目的实质变化，安全生产检测检验机构应按开展新项目工作进行评审，应进行设备的更新、人员培训、技术评审等工作，并申请变更、增项。

10. 对于进行内部校准的安全生产检测检验机构，是否具有并应用评定测量不确定度的程序，用以评定所有的校准和各种校准类型的测量不确定度；对于无内部校准的安全生产检测检验机构是否具有并应用评定测量不确定度的程序。安全生产检测检验机构应对技术人员进行测量不确定度知识的培训，有能力进行测量不确定度的评定；要有计划地对所有建立在数值结果基础上的报告的结果组织实施测量不确定度的评定；每个检测检验领域最好具有不确定度评定的实例。

11. 是否对计算和数据换算、数据转换、数据传输进行了系统的、适当的、充分的检查。

12. 当利用计算机或自动设备对检测检验数据进行采集、处理、记录、报告、存储或检索时，安全生产检测检验机构是否对自己开发的计算机软件制定足够详细的文件，并对其适用性进行适当确认和记录；对于通用的商业现成软件（如文字处理、数据库和统计程序）是否进行了必要的确认和记录。

13. 是否建立并有效实施了数据保护的程序；这些程序是否包括了数据输入或采集、数据存储、数据传输和数据处理的完整性和保密性；计算机和自动设备的维护工作如何，是否能够确保其功能正常，并提供保护检测检验数据完整性所必需的环境和运行条件。随着检测自动化水平的提高和检测信息化建设，检测数据的保密性更加重要，要核实安全生产检测检验机构计算机等系统防病毒、防止非授权使用的措施及效果。

三、能力确认中的常见问题

1. 未编制必需的检测检验作业指导书。
2. 未编制用于指导制样用的试验样品制备作业指导书。
3. 作业指导书规定不具体，未对关键环节的检测检验操作进行具体规定。
4. 擅自修改检测检验方法，未遵照检测检验依据标准中规定的检测检验方法进行检测检验。
5. 检测检验依据标准发生变更，但相应的检测检验作业指导书未及时更新。
6. 无方法确认记录，或记录不完整。
7. 未对检测检验用测试软件进行确认或无确认记录。

第五节　设　　备

一、能力确认关注点

【原文】 5.5.1　检测检验机构应正确配备进行检测检验（包括抽样、样品制备、数据处理与分析）要求的所有抽样、测量和检测检验设备（包括软件）及标准物质，并对所有设备进行正常维护。

检测检验机构应有检查在用检测检验设备技术指标的程序。在用设备的完好率应为100%。

检测检验机构如果要使用永久控制之外的设备（租用、使用客户的设备），应确保满足本标准的要求。租用设备应由检测检验机构人员操作、维护、检定/校准，并对使用环境和贮存条件进行控制。使用客户的设备仅限于现场检测检验中不可携带的大型设备。

【确认关注点】 核查机构是否配备了检测检验必需的设备，包括抽样设备、样品制备设备、数据处理与分析设备、检测检验软件、标准物质等，关注设备的性能、能力和技术指标是否满足相关标准规范的要求，设备是否完好、工作正常。核查机构是否存在租用、使用客户设备的情况，如果有，应满足以上规定的要求。

【原文】 5.5.2　用于检测检验和抽样的设备及其软件应达到要求的准确度，并符合检测检验相应的标准规范要求。

未经定型的专用检测检验设备应经相关技术单位验证确认。无法验证确认的，可经专家论证确认。

对检测检验结果有重要影响的设备的关键量或值，应制定检定/校准计划。经检定/校准的设备应予以确认并保存确认记录。

设备（包括用于抽样的设备）在投入服务前应进行检定/校准或核查，以证实其能满足检测检验机构的规范要求和相应的标准规范要求。设备在使用前应进行核查或校准。

【确认关注点】 核查机构用于检测检验和抽样的设备及其软件的准确度，是否符合检测检验相应的标准规范要求，未经定型的专用检测检验设备是否经过相关技术单位的验证，是否制订了检定/校准计划，是否对设备的检定/校准结果进行了确认，确认记录是否符合要求。设备在投入使用前是否进行了核查或校准等。

【原文】 5.5.3 重要的、关键的设备以及技术复杂的大型设备应由经过授权的人员操作。设备使用和维护的最新版说明书（包括设备制造商提供的有关手册）应便于有关人员取用。

【确认关注点】 核查机构对关键设备的操作人员是否进行了明确授权，是否有设备使用和维护的最新版说明书。

【原文】 5.5.4 用于检测检验并对结果有影响的设备及其软件，均应加以唯一性标识。

【确认关注点】 核查设备及其软件的唯一性标识，尤其关注多台同类设备情况。

【原文】 5.5.5 应保存对检测检验具有重要影响的设备及其软件的档案。该档案至少应包括：

a）设备及其软件的名称；

b）制造商名称、型式标识、系列号或其他唯一性标识；

c）对设备是否符合标准规范的核查记录；

d）当前的位置（适用时）；

e）制造商的说明书（如果有），或指明其地点；

f）检定证书/校准报告；

g）设备维护计划，以及已进行的维护和使用记录（适当时）；

h）设备的任何损坏、故障、改装或修理记录；

i）设备接收和启用日期。

【确认关注点】 核查机构是否建立有设备档案，档案中的资料内容是否符合以上规定。

【原文】 5.5.6 检测检验机构应具有购置、验收、安全处置、运输、存储、使用和维护设备的程序，以确保其功能正常并防止污染或性能退化。在检测检验机构固定设施以外的场所使用设备进行检测检验或抽样时，应制定附加的控制程序，确保安全运输和环境安全等。

【确认关注点】 核查机构是否建立设备管理程序，程序中的内容是否涵盖购置、验收、安全处置、运输、存储、使用和维护设备的各个环节。关注机构在固定设施以外的场所使用测量设备进行检测检验或抽样时，对设备如何控制，其措施是否能保证安全运输和环境安全等。

【原文】 5.5.7 曾经过载或处置不当、给出可疑结果、或已显示出缺陷、超出规定限度的设备，均应停止使用，并应予以隔离以防误用，或加贴标签、标记，以清晰表明该设备已停用，直至修复并通过检定/校准或核查表明能正常工作为止。检测检验机构应核查这些缺陷或偏离规定极限对过去进行的检测检验所造成的影响，并执行“不符合工作的控制”程序。

【确认关注点】 停用设备是否标识醒目并隔离，对缺陷设备出具的检测检验数据和结果的追溯是如何控制的。

【原文】 5.5.8 检测检验机构需检定/校准的所有设备（包括标准物质），只要可行，应使用标签、编码或其他标识表明其检定/校准状态，包括上次检定/校准的日期、再检定/校准或失效日期。标识分为“合格”“准用”“停用”三种，通常以绿、黄、红三种颜色表示。黄色标签上应注明该设备准用或限用的范围。

【确认关注点】 三色标签使用是否正确，粘贴是否正确、到位，其内容是否符合要求。不允许不明状态的设备摆放在检测检验现场。

关于设备标识管理的通常做法：所有设备不论是送检还是内部校准，均应有状态标识。状态标识分为“合格”“准用”“停用”三种，对应的颜色分别为绿、黄、红三种颜色。

（1）合格标志（绿色）。经计量检定或校准、验证合格，确认其符合检测/校准技术规范规定要求。

（2）准用标志（黄色）。一般用于：

1）设备存在部分缺陷，但在限定范围内可以使用的，包括多功能检测设备其某些功能丧失，但检测所用功能正常，且校准/检定合格者。

2）测试设备某一量程准确度不合格，但检测所用量程合格者，可降等级使用的设备。

（3）停用标志（红色）。设备目前状态不能使用。停用包含：

1）设备损坏。

2）设备经检定/校准不合格。

3）设备性能无法确定。

4）设备超过周期未检定/校准。

5）不符合检测/校准技术规范规定的要求。

【原文】 5.5.9 若设备脱离了检测检验机构的直接控制，检测检验机构应确保该设备返回后，在使用前对其功能和检定/校准状态进行核查，得到满意结果后方可使用。

【确认关注点】 核查机构规定和相关记录。

【原文】 5.5.10 当需要利用期间核查以保持设备检定/校准状态的可信度时，应按照规定的程序进行。

【确认关注点】 核查机构是否建立期间核查程序，核查相关记录。期间核查针对在用设备，其目的在两次正式检定/校准期间防止使用不符合要求的设备。并不是所有的设备都需要进行期间核查，期间核查的重点是性能不稳定、使用频繁、经常携带到现场及恶劣环境下使用的设备。期间核查可采用等精度核查方式，如设备间比对、方法比对、标准物质验证、留样（稳定的样品）再测、单点自校等。

【原文】 5.5.11 当设备经校准给出一组修正信息时，检测检验机构应确保有关数据得到及时修正，计算机软件也应得到更新，并在检测检验工作中加以使用。

【确认关注点】 核查机构规定和相关记录。

【原文】 5.5.12 检测检验设备包括硬件和软件应得到保护，以避免发生致使检测检验结果失效的调整。

【确认关注点】 核查机构规定和相关措施。

二、需要重点关注的事项

设备是安全生产检测检验机构开展检测检验工作所必需的工具，也是保证检测检验工作质量、获取准确结果的基础。评审中重点关注：

1. 安全生产检测检验机构是否配备了正确进行检测（包括抽样、样品制备、数据处理与分析）所要求的所有抽样、测量设备（包括软件）及标准物质。正确配备指配备的所有设备的技术指标、功能和能力须满足检测检验标准的要求。

2. 关注设备的保养情况，是否定期对所有的设备进行正常维护保养并进行记录，使设备始终处于完好的状态，是否能够保证在用设备的完好率达到 100%。

3. 当需要使用永久控制之外的设备（如租用、使用客户的仪器设备）时，是否仅限于某些使用频次低、价格昂贵或特定的设备，这些设备的性能和技术指标是否符合被检参数的要求且经检定/校准合格，有关信息是否有记录并存档。

要注意区分租用、使用客户的设备和分包的区别。分包参数指按协议由分包方实施检测检验并提交结果/报告；而租用、使用客户的设备则是由安全生产检测检验机构的检测人员进行操作、记录、出具结果。

4. 用于检测检验和抽样的设备及其软件是否达到标准要求的准确度，是否符合相应的检测检验规范要求；未经定型的专用检测检验设备是否经相关技术单位验证确认。

5. 设备（包括用于抽样的设备）在投入使用前是否进行了检定/校准或核查，以证实其能满足规定要求；安全生产检测检验机构是否制定了设备的检定/校准计划，并有效实施；设备在工作时是否处于检定/校准的有效期内。

6. 设备是否由经过授权的人员操作，授权人员是否有授权记录，是否有设备使用和维护的作业指导书，有关人员是否易于获取作业指导书。一般情况下，重要的、关键的设备和操作复杂的大型设备，应由专门授权的人员操作，操作者需经考核合格，持证上岗。

7. 用于检测检验并对结果有影响的每一台设备及其软件，如有可能，均应加以唯一性标识并以状态标识表明其状态。只要可行，应使用标签表明其检定/校准状态，包括上次检定/校准的日期、再检定/校准或失效日期；标识是否分为“合格”“准用”“停用”三种，且分别以绿、黄、红三种颜色表示；黄色标签上是否注明了该设备准用或限用的范围。

8. 是否建立有设备档案。一般情况下，设备档案应一台一档，要包括其基本信息且动态管理，及时补充有关信息与资料。同类多台的小型仪器仪表可以建立同一档案，集中存放。

9. 是否编制设备的管理程序，并加以正确执行；当在安全生产检测检验机构固定设施以外的场所使用测量设备进行检测检验或抽样时，是否制定有附加的控制程序。对于携带设备进行现场检测检验的安全生产检测检验机构，要对设备的使用情况进行重点关注。

10. 曾经过载或处置不当、给出可疑结果，或已显示出缺陷、超出规定限度的设备是否均已停止使用，并予以隔离，或加贴标签、标记以防误用；安全生产检测检验机构是否对之前的检测检验结果进行核查，并执行不符合工作控制程序。

11. 是否对返回的设备，在使用前对其功能和检定/校准状态进行核查。

12. 当需要利用期间核查以保持设备检定/校准状态的可信度时，安全生产检测检验机构是否按照规定的期间核查程序进行，有效性如何。

13. 当校准产生了一组修正因子时，是否能保证有关数据得到及时修正。

14. 检测检验设备包括硬件和软件是否得到有效保护，是否能避免致使检测检验结果失效的调整。

三、能力确认中的常见问题

1. 未经定型的专用检测检验设备不能提供相关技术单位的验证确认证明。
2. 制定的设备检定/校准计划不具备可操作性。
3. 未对校准结果能否满足使用要求进行确认。
4. 使用中的检测检验设备未经计量检定/校准，或已过有效期。
5. 未对关键仪器设备的操作人员进行书面授权。
6. 同类检测检验设备无唯一性标识。
7. 设备档案不全或档案内资料不全。
8. 在机构固定设施以外的现场进行检测检验时，未对安全处置、运输、存放、使用测量设备进行规定。
9. 状态标识使用不规范。
10. 未建立设备期间核查程序。
11. 期间核查未按照规定的程序进行，期间核查方案不合理。
12. 未对校准证书中的修正因子采取正确的应用措施。
13. 对标准物质的管理不到位。

第六节　测量溯源性

一、能力确认关注点

【原文】 5.6.1　总则

对检测检验和抽样结果的准确性或有效性有影响的检测检验设备，包括辅助测量设备（例如用于测量环境条件的设备），在投入使用前应进行检定/校准。检测检验机构应制定设备检定/校准的计划和程序，该计划应当包含对测量标准、用作测量标准的标准物质以及测量设备进行选择、使用、检定/校准、核查、控制和维护的系统。

【确认关注点】 核查机构的检测检验设备在投入使用前是否进行检定/校准，是否制定有设备检定/校准计划，计划是否具有可操作性。应有体现实施动态情况的记录。

【原文】 5.6.2　溯源

【原文】 5.6.2.1 设备检定/校准计划的制定和实施应确保检测检验机构所进行的检测检验结果能溯源到国家或国际测量标准，应绘制量值溯源图。

【确认关注点】 核查机构根据自身设备的具体情况绘制的量值溯源图，量值溯源图中的计量检定/校准机构应与检定/校准计划和实施相一致。

【原文】 5.6.2.2 检测检验结果无法溯源到国家或国际测量标准的，检测检验机构应保留检测检验结果相关性或准确性的满意证据，如溯源到有证标准物质、公认的或约定的测量方法/协议标准，或通过比对等途径证明其测量结果与同类检测检验机构的一致性。

【确认关注点】 核查机构对于无法进行检定/校准的设备是如何管理的。

【原文】 5.6.3 标准物质

【原文】 5.6.3.1 标准物质

可能时，标准物质应溯源到 SI 单位或有证标准物质。只要技术和经济条件允许，应对内部标准物质进行核查。

【确认关注点】 核查机构对于标准物质是如何管控的。

【原文】 5.6.3.2 期间核查

应根据规定的程序和日程对标准物质进行核查，以保持其检定/校准状态的可信度。

【确认关注点】 核查机构对于标准物质的期间核查管理规定及记录。

【原文】 5.6.3.3 运输和储存

检测检验机构应有程序来安全处置、运输、存储和使用标准物质，以防止污染或损坏，确保其完整性。当标准物质用于检测检验机构固定设施以外的场所进行检测检验或抽样时，应制定附加的控制程序。

【确认关注点】 核查机构对于标准物质的运输、存储和使用是如何管控的。特别关注当标准物质用于检测检验机构固定设施以外的场所进行检测检验或抽样时的管理现状。

二、需要重点关注的事项

测量溯源性是通过一条具有规定不确定度的不间断的比较链，使测量结果或标准的值能够与规定的参考标准（通常是国家或国际标准）联系的一种特性。溯源的目的是保证所有的测量结果或者标准的值都能最终溯源到国家标准或国际计量标准。评审中重点关注：

1. 安全生产检测检验机构是否制定并实施了设备检定/校准计划和程序，计划是否具体，程序是否具有可操作性，是否有年度检定/校准计划和执行记录。用于检测的对检测和抽样结果的准确性或有效性有影响的设备，包括辅助测量设备（例如用于测量环境条件的设备），在投入使用前是否进行了检定/校准，并能满足检测检验要求。通过检定/校准的设备不一定能够满足检测检验要求，安全生产检测检验机构要对检定/校准的设备在使用前进行确认，以保证其不确定度/准确度等级能够满足检测检验需求。

2. 设备检定/校准计划的制订和实施是否确保检测检验结果能够溯源到国家标准，是否绘制有能够溯源到国家计量标准的量值溯源图。

3. 检测检验结果无法溯源到国家标准时，是否能够提供检测检验结果相关性或准确性的满意证据，如设备比对、检测检验机构间比对、能力验证结果等。

4. 是否对使用的有证标准物质严格管理，确保标准物质的溯源性；是否对内部标准物质进行核查。

5. 是否根据规定的程序和日程对标准物质进行期间核查，以保持其检定/校准状态的置信度。

6. 是否制定有安全处置、运输、存储和使用标准物质的程序。当标准物质用于安全生产检测检验机构固定设施以外的场所进行检测检验或抽样时，是否制定有附加的控制程序，包括携带前和返回后核查的要求，并有效实施。

三、能力确认中的常见问题

1. 管理手册中未给出量值溯源图或给出的量值溯源图不符合要求。

2. 未对标准物质进行核查。

3. 对不适用“内部校准”的设备进行了“内部校准”。

第七节　抽　　样

一、能力确认关注点

【原文】 5.7.1　检测检验机构为后续检测检验而对物质、材料或产品进行抽样时，应有用于抽样的抽样计划和程序。抽样计划和程序在抽样的地点应能够得到。抽样计划应根据适当的统计方法制定，分析抽样对检测检验结果的影响，抽样过程应注意需要控制的因素，以确保检测检验结果的有效性。抽样程序应当对取自某个物质、材料或产品的一个或多个样品的选择、抽样计划、提取和制备进行描述，以提供所需的信息。

【确认关注点】 核查机构是否建立了抽样控制程序，进行某项抽样时，是否制定了详细的抽样方案，是否具备所需的抽（封）样工具。

【原文】 5.7.2　当客户要求对已有文件规定的抽样程序进行添加、删减或有所偏离时，应详细记录这些要求和相关抽样信息，并纳入包含检测检验结果的所有文件中，同时告知相关人员。

【确认关注点】 对文件规定的抽样程序的偏离、添加或删减，是否留有记录。

【原文】 5.7.3　当抽样作为检测检验工作的一部分时，检测检验机构应有程序记录与抽样有关的资料和操作。这些记录应包括所用的抽样程序、抽样人和供样人的识别、环境条件（如果相关）、必要时有抽样位置的图示或其他等效方法，如果适用，还应包括抽样程序所依据的统计方法。

【确认关注点】 核查机构存档的抽样单，是否满足以上要求。

二、需要重点关注的事项

抽样检测是取出物质、材料或产品的一部分作为其整体代表性样品进行检测检验的一种形式。当抽样作为检测检验工作的一部分时，应对抽样工作进行有效的控制。评审中重点关注：

1. 安全生产检测检验机构是否制定有抽样控制程序和抽样计划，抽样计划是否根据适当的统计方法制定，并符合安全生产检测检验的相关标准、规范的要求；是否有抽（封）样工具；抽样过程需要控制的因素是否有效控制；抽样过程是否有效、记录是否清晰。

2. 是否详细记录了客户对文件化规定的抽样程序的偏离、添加或删减的要求，上述偏离是否已通知相关人员。

3. 当抽样作为检测检验工作的一部分时，安全生产检测检验机构是否有程序记录与抽样有关的资料和操作，记录的信息是否充足、完备。

三、能力确认中的常见问题

1. 制定的抽样程序未涉及抽样标准、抽样方案的内容。

2. 部分机构的管理手册中直接删除了该要素。

第八节　物品的处置

一、能力确认关注点

【原文】 5.8.1　检测检验机构应有用于检测检验物品的运输、接收、制备、处置、保护、存储、保留和（或）清理的程序，包括为保护检测检验物品的完整性以及检测检验机构与客户利益的规定。检测检验机构应有经授权的专职或兼职人员管理检测检验物品。应有分区明确的物品存放场所。

【确认关注点】 核查机构是否建立了样品管理程序，程序中是否对以上规定的各个环节进行了具体规定。是否明确了具体的人员管理样品，核查机构的样品存放场所是否适宜。

【原文】 5.8.2 检测检验机构应具有检测检验物品的标识系统，并在检测检验的整个期间保留该标识。标识系统的设计和使用应确保物品不会在实物上或在涉及的记录和其他文件中混淆。如果合适，标识系统应包含物品群组的细分和物品在检测检验机构内外部的传递。检测检验机构应保存物品的流转记录。

【确认关注点】 核查机构是否根据业务范围内检测检验对象的特点规定了样品的标识系统，样品标识系统的设计是否合理，对于煤样、水样等样品，一般要求对群组细分做出明确具体的规定。核查样品的流转记录是否符合规定。

【原文】 5.8.3 在接收检测检验物品时，应记录物品的状态特征、异常情况或与检测检验方法中所述正常（或规定）条件的偏离。当对物品是否适合于检测检验存有疑问，或当物品与所提供的说明不相符时，或对所要求的检测检验规定得不够详尽时，检测检验机构应在开始工作之前问询客户，予以明确，并记录讨论的内容。

【确认关注点】 核查机构的样品登记记录是否符合要求。

【原文】 5.8.4 检测检验机构应有程序和适当的设施避免检测检验物品在存贮、处置和准备过程中发生退化、污染、丢失或损坏。应遵守随物品提供的处理说明。当物品需要被存放或在规定的环境条件下养护时，应保持、监控和记录这些条件。当一个检测检验物品或其一部分需要安全保护时，检测检验机构应对存放和环境的安全作出安排，以保护该物品或其有关部分的安全状态和完整性。

在检测检验之后需要重新投入使用的被检物品，需特别注意确保物品在处置、检测检验或存储/等待过程中不被破坏或损伤。

应当向负责抽样和运输样品的人员提供抽样程序，及有关样品贮存和运输的信息，包括影响检测检验结果的抽样信息。

【确认关注点】 核查机构的样品存放场所是否适宜。当样品有养护要求时，核查养护设施和养护记录。核查机构的样品流转记录，关注样品处于领取、制样、留样、待检、正检、检毕、归还等各个环节中对样品的控制管理情况。

二、需要重点关注的事项

样品的处置是检测检验工作的重要环节，涉及样品的接收、标识、准备/制备、检测、存储、处理等重要内容。评审中重点关注：

1. 安全生产检测检验机构是否结合自己的实际情况建立有样品管理程序，执行情况如何，是否有经授权的专职或兼职人员管理检测检验样品；是否有分区明确的样品存放场所。

2. 是否建立有检测检验样品的标识系统，标识系统的设计和使用是否合理，是否能够确保样品在任何时候都能够不混淆，样品在安全生产检测检验机构的整个期间是否都保留有该标识。建立样品标识系统是样品管理的关键环节，样品标识包括样品唯一性编号和检测检验状态标识（如待检、正检、检毕、留样等）。样品标识的设计要符合检测检验样品的特点，要能够确保在整个流转期间有效。

3. 在接收检测检验样品时，是否有专人检查、登记，并记录样品的状态，当对样品是否适合于检测检验存有疑问，或当样品不符合所提供的描述，或对所要求的检测检验规定得不够详尽时，是否在开始工作之前问询客户，以得到进一步的说明，并记录讨论的内容。对于委托检测检验，样品管理人员负责与客户办理样品交接手续，记录样品状态；对于抽样检测检验，样品管理人员要检查样品是否符合抽样记录，封样措施是否完好等情况。

4. 是否建立相应程序和配置适当的设施储存样品，是否建立样品登记台账，是否对特定的样品养护等环境条件予以保持、监控和记录，是否有样品流转记录。

三、能力确认中的常见问题

1. 未授权专职或兼职人员管理检测检验样品。
2. 未根据实际情况建立检测检验样品的标识系统。
3. 无样品流转记录。
4. 样品无唯一性标识。
5. 样品编号方法与文件规定不一致。
6. 样品的保存期与标准规定不相符。

第九节　结果质量的保证

一、能力确认关注点

【原文】 5.9.1　检测检验机构应有质量控制程序以监控检测检验的有效性。所得数据的记录方式应便于发现其发展趋势，如可行，应采用统计技术对结果进行审查。这种监控应有计划并加以评审，可包括（但不限于）下列方法：

a）定期使用有证标准物质进行监控，和（或）使用次级标准物质开展内部质量控制；

b）参加检测检验能力考核；

c）使用相同或不同方法进行重复检测检验；

d）对存留物品进行再检测检验；

e）分析一个物品不同特性结果的相关性。

所选用的方法应当与所进行工作的类型和工作量相适应。

【确认关注点】 核查机构是否建立了质量控制程序，是否根据自身的工作类型和工作量制订了质量监控计划，关注其质量监控方法和实施效果。

【原文】 5.9.2 检测检验机构应分析质量控制的数据，当发现质量控制数据超出预先确定的判据时，应采取有计划的措施来纠正出现的问题，并防止出现错误的结果。

【确认关注点】 核查机构质量监控计划的完成情况，对质量监控的结果是否进行了分析和评价，当出现问题时是否采取了适当的措施进行纠正。

【原文】 5.9.3 检测检验机构应建立和保持检测检验能力考核程序，并参加认定认可机构、国际组织、相关机构组织开展的检测检验能力考核活动。

【确认关注点】 核查机构是否建立了能力考核程序，是否积极参加认定认可机构、国际组织、相关机构组织开展的检测检验能力考核活动，其结果如何。

二、需要重点关注的事项

安全生产检测检验机构应高度重视检测检验结果质量。影响检测检验结果质量的因素有很多，包括人员、设备、检测检验方法、环境条件、设备、测量的溯源、抽样和样品的处置等。检测检验结果的准确与否，是质量管理体系运行中对各种因素控制好坏的综合反映。质量控制的目的在于监控检测检验工作过程，并排除可能出现不合格、不满意的原因，预见或及时发现出现的问题，有针对性地采取纠正/预防措施，以保证取得准确可靠的数据和结果。评审中重点关注：

1. 安全生产检测检验机构是否建立并有效实施了监控检测检验结果有效性的质量控制程序。

2. 是否制订年度质量监控计划，执行情况如何，是否纳入管理评审输入以实现不断持续改进。

3. 监控计划所选用的方法是否与所进行工作的类型和工作量相适应。

4. 是否对质量控制的数据进行分析，当发现质量控制数据超出预先确定的判据时，是否采取措施纠正出现的问题，以防止报告错误的结果。

三、能力确认中的常见问题

1. 未按要求制订年度质量监控计划。

2. 开展各类比对时，未对比对检测检验结果进行分析，对出现较大偏差的检测检验结果，未进行原因分析，未采取纠正措施。

3. 开展各类比对时，比对检测检验项目的选择，未考虑检测检验项目自身量值的稳定性。

4. 对检测检验经历少的检测检验对象未有意识地加强质量控制，以维持检测检验能力。

5. 对参加能力验证的重要性认识不足。

第十节　结 果 报 告

一、能力确认关注点

【原文】 5.10.1　总则

检测检验机构应准确、清晰、明确和客观地报告检测检验结果/判定结论，并符合检测检验方法的规定。结果应以检测检验报告的形式出具，并且应包括客户要求的、说明检测检验结果所必需的和所用检测检验方法要求的全部信息。

在与客户有书面协议的情况下，可用简化的方式报告结果。对于5.10.2至5.10.4中所列却未向客户报告的信息，应能方便地从检测检验机构中获得。

【确认关注点】 核查机构出具的检验报告或检测报告，是否能准确、清晰、明确和客观地报告每一项检测检验的结果，其表达方式是否符合相关标准规范的要求。

【原文】 5.10.2　基本要求

【原文】 5.10.2.1　每份报告应至少包括下列信息：

a）标题（如“检验报告”“检测报告”）；

b）检测检验机构的名称和地址，进行检测检验的地点；

c）报告的唯一性标识（如系列号）和每一页上的标识，以及报告结束的清晰标识；

d）客户的名称和地址；

e）所用标准或方法的识别；

f）检测检验类别；

g）检测检验对象的名称等描述、状态和明确的标识；

h）检测检验对象的接收日期和进行检测检验的日期；

i）如与结果的有效性或应用相关时，检测检验机构或其他机构所用的抽样方案和程序的说明（如进行煤自燃倾向性鉴定时的煤样）；

j）检测检验的结果/判定结论；

k）主检人员、审核人员、批准人的签名；

l）必要时（如委托送检），结果仅与被检对象有关的声明；

m）不对复制报告负责的声明；

n）标注资质标志，加盖检测检验专用章（适用时）。

【原文】 5.10.2.2 每份报告还应至少符合下列要求：

a）检测检验的结果采用法定计量单位；

b）有页码和总页数；

c）由授权签字人批准。

【确认关注点】 核查机构出具的检验报告或检测报告，其内容是否包含以上规定的信息，相关人员签名是否符合要求。

【原文】 5.10.3 意见和解释

【原文】 5.10.3.1 当需对检测检验结果做出解释时，除5.10.2中所列的要求之外，报告中还应包括下列内容：

a）对检测检验方法的偏离、增添或删节，以及特定检测检验条件的信息，如环境条件；

b）相关时，符合（或不符合）要求或规范的声明；

c）当不确定度与检测检验结果的有效性或应用有关，或客户有要求，或不确定度影响到对规范限度的符合性时，报告中还应包括有关不确定度的信息；

d）适用且需要时，提出意见和解释；

e）特定方法、客户或客户群体要求的附加信息。

【确认关注点】 核查机构出具的检验报告或检测报告，当需对检测检验结果做出解释时，是否包含以上规定的内容和信息。

【原文】 5.10.3.2 当需对检测检验结果做出解释时，对含抽样结果在内的报告，除了5.10.2和5.10.3.1所列的要求之外，还应包括下列内容：

a）抽样日期、抽样人和供样人；

b）抽取的物质、材料或产品的清晰标识（适当时，包括制造者的名称、标示的型号或类型和相应的系列号）；

c）抽样位置，包括简图、草图或照片；

d）所用的抽样方案和程序；

e）抽样过程中可能影响检测检验结果的环境条件的详细信息；

f）与抽样方法或程序有关的标准规范，以及对这些标准规范的偏离、增添或删减。

【确认关注点】 核查机构出具的检验报告或检测报告，当需对检测检验结果做出解释时，对含抽样结果在内的报告，是否包含以上规定的内容和信息。

【原文】 5.10.3.3　当含有意见和解释时，检测检验机构应将意见和解释的依据制定成文件。意见和解释应在报告中清晰标注。

报告中包含的意见和解释可以包括（但不限于）下列内容：

a）结果符合（或不符合）要求的意见；

b）履行合同的情况；

c）如何使用结果的建议；

d）改进的建议。

许多情况下，通过与客户直接对话来传达意见和解释或许更为恰当，但这些对话应当有文字记录。

【确认关注点】 核查检测检验机构是否把做出意见和解释的依据制定成文件，意见和解释是否在报告中清晰标注，意见和解释的内容是否适宜。

【原文】 5.10.4　从分包方获得的检测检验结果

当报告包含了由分包方所出具的检测检验结果时，这些结果应予以清晰标明。检测检验机构应要求分包方提供合法的书面和电子检测检验报告。

【确认关注点】 当发生分包时，核查分包方提供的书面和电子报告，对分包的项目在检测检验机构的报告中是否进行了清晰标明。

【原文】 5.10.5　结果的电子传送

当用电话、传真或其他电子或电磁方式传送检测检验结果时，应满足本标准对数据控制的要求。

必要时，检测检验机构应将检测检验数据、结果等及时、准确、规范、完整地电子传送到相关安全生产检测检验机构信息查询系统。

【确认关注点】 核查机构对用电话、传真或其他电子或电磁方式传送检测检验结果时的管理规定和实施记录，核查将检测检验数据、结果等传送到相关安全生产检测检验机构信息查询系统的相关记录。

【原文】 5.10.6 报告的格式

报告的格式应设计成适用于所进行的各种检测检验类型，并尽量减小产生误解或误用的可能性。

同一检测检验机构内报告格式应尽可能统一，报告编排应合理，尤其是检测检验数据的表达方式，应易于读者理解。

【确认关注点】 核查机构出具的检验报告或检测报告的格式是否规范统一，编排是否合理，检测检验结果和数据的表达方式是否适宜。

【原文】 5.10.7 报告的修改

对已发布的报告的实质性修改，应以追加文件或更换报告的形式，并应包括如下声明：

“对系列号……（或其他标识）报告的补充”，或其他等效的文字形式。

报告修改应满足本标准的所有要求。

当有必要发布全新的报告时，应注以唯一性标识，并注明所替代的原件及其唯一性编号。

【确认关注点】 核查机构对已发布的检验报告或检测报告进行实质性修改时的做法，是否符合以上规定要求。

二、需要重点关注的事项

结果报告是安全生产检测检验机构检测检验工作的最终产品，也是检测检验工作质量的最终体现。结果报告是否准确可靠，直接关系到客户的切身利益，也关系到安全生产检测检验机构的形象和信誉，因此应给予足够重视。评审中应以机构实际出具的检测检验报告为基础，重点关注：

1. 安全生产检测检验机构是否按照相关技术规范、标准、程序的要求及时出具检测检验报告，检测检验报告中数据和结果的表达是否准确、清晰、明确和客观；结果报告是否以书面形式出具，包含的信息是否足够。

2. 检测检验报告的内容是否满足本标准要求。

3. 发生分包时，检测检验报告中是否包含了由分包方出具的检测检验结果，是否在报告中予以清晰标明，分包方是否提供了书面和电子报告。

4. 当用电话、传真或其他电子或电磁方式传送检测检验结果时，是否满足安全、保密等所有要求。

5. 检测检验报告的格式是否适用于所进行的各种检测检验类型；同一安全生产检测检验机构的检测检验报告格式是否统一；报告编排是否合理，检测数据的表达方式是否易于读者理解。

6. 当对已发布的检测检验报告进行实质性修改时，是否以追加文件或更换报告的形式实施，是否满足本标准的所有要求。

三、能力确认中的常见问题

1. 检测检验报告中无机构地址、必要的声明等信息。
2. 未规定检测检验报告唯一性标识的编制方法。
3. 检测检验报告中的检测检验结果与原始记录中的结果不一致。
4. 检测检验报告使用非法定计量单位。
5. 检测检验结果的表述不准确。
6. 检测检验报告中对样品的描述不准确。
7. 检测检验报告中的检验结论表述不准确。
8. 同一检测检验机构出具的检测检验报告格式不统一，检测检验报告的格式未设计为适用于各种类型检测检验。

第五章　能力确认现场评审技术

本章以资质认可机关对安全生产检测检验机构进行资质认可过程中需要专家评审时为例，介绍能力确认现场评审技术。安全生产检测检验技术服务行业组织、生产经营单位、安全认证机构、安全评价机构等需要进行能力确认的组织实施的现场评审、评定、审查和考核等活动，亦可参考使用。

第一节　现场评审类型

按照评审性质来分，现场评审主要分为初次评审、变更评审、增项评审、延续评审等。

一、初次评审

初次评审指资质认可机关为确定初次申请资质认可的检测检验机构是否符合安全生产检测检验机构资质认可要求而进行的评审。初次评审的评审内容包括检测检验机构申请的全部技术能力和管理体系的全部条款。

二、变更评审

变更评审指资质认可机关对已获取资质认可、并在认可周期内申请检测检验能力（如技术标准、主要检测设备、设施和环境条件、授权签字人及其授权签字领域等）变更的安全生产检测检验机构实施的评审。

三、增项评审

增项评审指资质认可机关对已获取资质认可、并在认可周期内申请增加检测检验业务的安全生产检测检验机构实施的评审。增项评审的程序与初次评审基本相同，但评审内容以与申请增项的技术能力及与其相关的管理体系条款为主。

四、延续评审

延续评审指资质认可机关在资质认可有效期结束前对希望持续获得资质认可的安全

生产检测检验机构实施的全面评审，以确定安全生产检测检验机构是否持续符合安全生产检测检验机构资质认可要求，并将资质认可延续至下一个有效期。延续评审的内容与初次评审内容相同。

五、其他评审

1. 监督评审

监督评审指资质认可机关为验证安全生产检测检验机构在获得资质认可的有效期内是否持续符合安全生产检测检验机构资质认可要求而进行的定期或不定期的监督评审。监督评审与初次评审略有不同，监督评审不需要安全生产检测检验机构提交申请，可以选择部分技术能力和管理体系的部分条款进行评审，还可以包括安全生产检测检验机构履行资质认可部门相关管理规定的情况。

2. 跟踪评审

跟踪评审指为验证评审组现场评审时开具的不符合项纠正/纠正措施是否有效，由评审组长或其指定的评审专家对安全生产检测检验机构实施的专项评审。跟踪评审内容仅限于检查现场评审时发现的不符合项，一般不扩大评审范围。跟踪评审包括现场验证和/或文件评审方式。

第二节　现场评审前的准备及要求

一、赴评审现场前的准备工作

1. 评审组组长接到现场评审任务后，需要做好如下准备工作：

(1) 认真阅读被评审机构申请材料，根据被评审机构情况（如工作类型、工作范围、工作量、检测资源配置、管理体系运作所覆盖的范围、申请认可的项目及授权签字人、涉及的标准等）做好评审计划，初定评审组成员分工，准备有关评审用表格（评审会议签到表，评审专家公正性、保密与廉洁自律声明等），将评审工作日程表提交给被评审机构和评审组组员。涉及多场所时，日程表必须覆盖所有场所。

(2) 及时与资质认可机关和被评审机构沟通，了解被评审机构投诉、参加检测检验能力考核活动、多场所（各地点间的距离、路程用时、交通方式等）情况。在与被评审机构沟通时，要确定评审日程、初步拟订的现场考核试验项目等。

(3) 资质认可机关有要求时，评审组组长应通知资质认可机关安排一位评审监督员

(或观察员) 对现场评审工作进行监督和评价。

2. 评审组组员接到评审任务后，要就自己所负责的评审范围和内容进行详细的评审策划，至少要包括：

(1) 准备现场评审用的文件和表格，如 AQ/T 8006—2018 评审报告及附件等。

(2) 列出现场评审时要关注的问题。

(3) 列出现场评审时拟查阅的记录清单。

(4) 对申请的检测检验对象、项目/参数计划采用的确认方式以及要关注的关键过程。

(5) 拟进行的现场试验项目及拟考核的试验人员、考核方式等。

3. 由评审组携带盲样进行现场考核时，要保证样品的赋值、不确定度以及相关重要性能指标（如稳定性）准确和可靠，有关信息应记入评审报告相关附件中。

4. 评审组组长可以将需要被评审机构提前准备而不影响评审有效性的有关内容提前告知被评审机构。

二、管理体系及技术文件的评价

对文件（包括管理体系文件和技术文件）进行评价，一般从完整性、正确性、统一性、可操作性等方面进行。管理体系文件评审在赴评审现场前或在评审现场进行，实行评审组组长负责制。

1. 评价管理体系文件时，要关注其是否满足 AQ/T 8006—2018 的要求，是否做到：

(1) 文件完整、系统、协调，能够服从或服务于质量方针。

(2) 组织结构及工作接口描述清晰，内部职责分配合理。

(3) 各种管理活动处于受控状态。

(4) 管理体系能有效运行并不断改进。

(5) 过程的质量控制完善，支持性服务要素有效。

(6) 涉及多场所时，管理体系能覆盖申请认可的所有场所，各分场所与总部的隶属关系及工作接口描述清晰，沟通渠道顺畅，各分场所内部的组织结构（需要时）及人员职责明确。

2. 评价技术文件时，要关注其是否描述清楚、正确，是否做到：

(1) 申请认可的技术文件为现行有效版本。

(2) 设备能够满足相应技术能力要求，量值溯源符合要求。

(3) 典型项目检测检验报告信息齐全、规范。

(4) 机构或人员资质符合相关法律、法规、规章的要求（适用时）。

（5）非标准方法的科学性、准确性、规范性和有效性经过确认有效，能满足其应用要求。

（6）对参加相应检测检验能力考核（如能力验证计划和检测检验机构间比对等）的结果进行分析、评审。

第三节　现场评审程序

一、现场评审组的职责

现场评审组由评审组组长、评审组组员等组成，其在评审中的作用与职责不同。

1. 评审组组长的职责

（1）主持和管理现场评审组工作，对评审结果的准确性、真实性、完整性负责。

（2）负责现场评审的总体策划，编制评审工作日程表。

（3）必要时，对评审组组员进行必要的培训。

（4）组织完成对被评审机构管理体系文件、技术文件和技术能力的确认。

（5）协调和监督评审组组员的活动，对评审组组员的现场评审表现做出评价。

（6）向资质认可机关提交完整的评审资料。

（7）负责保持与资质认可机关、被评审机构之间的联络等。

2. 评审组组员的职责

（1）负责分工范围内管理体系要素和检测检验技术能力的确认策划工作。

（2）协助评审组组长完成对被评审机构管理体系文件和技术文件的确认。

（3）协助评审组组长完成对被评审机构申请的授权签字人的考核。

（4）确认被评审机构申请的检测检验能力范围内的技术能力和评审中发现的技术问题。

二、现场评审组的分工

现场评审组一般分为管理评审组和技术评审组两个组，其在现场评审活动中的职责分工如下：

1. 管理评审组的职责

（1）负责评审安全生产检测检验机构的法律地位及承担法律责任的能力。

（2）负责评审安全生产检测检验机构的管理体系的管理要素和相关技术要素。

2. 技术评审组的职责

（1）负责评审并确认安全生产检测检验机构申请认可的技术能力，并确认其限制范围。

（2）负责选择和观察现场试验项目。

（3）负责评审安全生产检测检验机构的管理体系的技术要素和相关管理要素。

（4）协助评审组组长对安全生产检测检验机构申请的授权签字人进行考核。

（5）负责评审安全生产检测检验机构参加检测检验能力考核活动（如能力验证计划）的情况等。

三、现场评审工作预备会议

评审组组长在现场评审前负责主持召开全体评审组员参加的预备会议，被评审机构可列席会议。

预备会议的内容至少应包括：

（1）明确评审任务，确定评审工作日程。

（2）对评审要求统一认识，达成共识。

（3）介绍被评审机构文件资料审查情况。

（4）调整并确定评审组成员分工，明确评审组成员职责。涉及多场所时，明确分场所组长。

（5）讨论技术能力确认方式及现场试验计划。

（6）明确每个评审组成员现场评审时需完成的任务以及填写的表格。

（7）检查评审的准备情况（文件资料及评审表格）。

（8）听取评审组组员有关工作建议，解答评审组组员提出的问题。

（9）签署评审专家公正性、保密与廉洁自律声明。

（10）对新参加评审工作的成员进行简要培训。

（11）宣布评审纪律等。

需要时，要求被评审机构提供与评审有关的补充资料。

四、首次会议

评审组组长主持召开由评审组全体成员和被评审机构有关人员（最高管理者、技术负责人、质量负责人、部门负责人等）参加的首次会议，并签署评审会议签到表。

首次会议内容至少包括：

（1）介绍评审组成员，宣布评审组成员分工。

（2）明确评审的目的、依据、范围和将涉及的部门、人员。

（3）确认评审工作日程，明确提交现场试验报告的时间。

（4）介绍评审采用的方法和程序，强调评审的判定原则。

（5）强调公正客观原则，并向被评审机构做出公正性、保密与廉洁自律声明。

（6）被评审机构负责人介绍被评审机构主要工作人员、机构概况及评审准备工作情况。

（7）澄清有关问题，明确限制条件（如洁净区、危险区、保密区、限制交谈人员等）。

（8）明确被评审机构为评审组配备的陪同人员，确定评审组的工作场所及所需资源。

五、现场观察、完善评审工作日程表

首次会议结束后，由陪同人员带领评审组成员进行现场观察，实地考察被评审机构的相关办公场所、检测检验场所、样品存放场所等。在现场参观过程中，要及时进行有关提问，有目的地观察环境条件、仪器设备及设施是否满足检测检验要求。现场观察后，评审组可进一步完善评审工作日程表，调整技术能力考核方式。

现场观察既可统一进行（小型或专业单一的机构），也可分组或分专业领域进行（大型或综合类的机构），评审组组长应把握现场观察的时间和进度，防止陪同人员过细地介绍或个别评审专家对某个问题的深入核查，避免观察时间过长，影响后续评审工作。评审专家应将发现的情况记录下来，以便后期跟踪验证或继续审查。涉及多场所时，在可能的情况下，评审组组长应尽可能到各个场所的现场进行观察。

六、实施现场评审

1. 现场评审原则

现场评审原则上按照评审工作日程表和已有的评审策划进行，并对评审过程予以记录。

现场评审时评审组要重点关注：

（1）被评审机构制定的参加检测检验能力考核活动及其实施情况，并关注被评审机构参加检测检验能力考核活动的结果及后续的分析和评审。

（2）测量不确定度的评估。

（3）非标准方法的确认。

（4）被评审机构对人员的培训是否结合机构的实际需求，评估其有效性。

（5）内审和管理评审是否结合机构的实际情况如期实施，是否取得预期的效果。

(6) 管理评审是否形成纠正和预防措施，可操作性如何，考核其实施和验证情况。

(7) 设备的量值溯源情况。

(8) 环境设施。

(9) 被评审机构对质量控制的监控实施情况，评估其有效性等。

2. 技术能力评审原则

技术能力的评审原则上应基于现场试验的结果和评审组成员的专业判断能力，在可承担的评审风险范围内，综合被评审机构成本、评审工作效率及现场条件等，选择适宜的现场考核方式进行。对不同的评审类型、技术能力确认采取不同的方式：

(1) 主要考核方式（现场试验、利用检测检验能力考核活动结果等）应覆盖申请认可的技术能力的主要项目。

(2) 对初次、变更和增项评审，应对检测检验对象所涉及的所有项目/参数逐项确认，并且应尽可能采用现场试验等主要考核方式进行评审。

(3) 对延续评审，可以将已获认可的技术能力按照检测检验对象进行确认。但对涉及检测检验能力考核结果不满意、投诉、检测检验能力（标准、方法、设备）变更及其他有疑义的技术能力，必须对有关项目/参数采用主要考核方式进行重新确认。

3. 现场试验选择原则

现场试验能够直接观察申请机构从业务受理至完成检测检验报告的全过程，是确认其技术、管理能力的直接手段。

(1) 现场试验选择时应符合以下要求：

1) 初次、变更和增项评审时，应尽量覆盖申请项目/参数的所有设备、检测检验方法、主要试验人员、试验场所。

2) 需要依靠检测检验人员的经验进行主观判断的项目。

3) 难度较大、操作复杂的项目。

4) 机构进行检测检验次数很少的项目。

5) 被考核的进行现场试验的人员应具有代表性。

6) 检测检验能力考核结果为有问题或不满意的项目。

7) 延续评审时，新上岗人员进行操作的项目。

8) 延续评审时，上次不符合项整改验证的项目。

9) 延续评审时，技术能力（标准、方法、设备）发生变化的项目。

10) 延续评审时，同一项现场试验应选择与此前评审时不同的试验人员进行操作。

(2) 进行现场试验考核时，应注意以下事项：

1) 尽可能利用被评审机构正在进行的检测检验活动。

2）对重现性较好的试验项目，可以采用被评审机构的存留物品进行“留样再检”。

3）当某项试验可由多人进行操作时，应考虑采用“人员比对”的方式进行考核。

4）当某项试验可在多台设备上进行时，应考虑采用“设备比对”的方式进行考核。

5）对于耗时较长的现场试验，可结合试验关键点的操作，并结合现场提问等方式进行考核，现场试验记录表中“试验要求”栏填写“现场演示”。例如，某项试验样品前处理过程难度较大，操作复杂，样品处理完成后进行常规仪器测试，则评审专家应主要见证其前处理过程。

6）评审专家应尽可能全程跟踪试验过程。

7）现场试验时评审专家应注意观察试验设备、试验环境、试验操作。

8）评审专家要对照检测检验用标准规范进行核查。

9）评审专家现场见证试验时应就相关技术问题对试验人员进行提问，并应核实试验人员是否是申请机构的在编人员。

10）评审组不必要求被评审机构对所有的现场试验出具检测检验报告，可根据情况，要求对部分现场试验出具报告，但应保留全部试验原始记录备查。

11）现场试验结果复现性差或者与已知数据明显偏离，则要求被评审机构分析原因，如属偶然原因，尽可能安排重做试验，否则不予确认。

12）在现场评审时一旦发现有危及人身健康安全的情况，评审组有权不再进行相关项目的评审，并可要求被评审机构停止相关项目的试验，直至安全得到保证。此种情况发生时，评审组组长应立即向资质认可机关汇报。

七、召开座谈会或进行笔试（必要时）

在现场评审期间，必要时，可召开被评审机构相关人员座谈会（签署评审会议签到表），或对技术负责人、质量负责人、授权签字人或其他关键技术人员进行笔试。

八、评审组内部会议

在现场评审期间，评审组组长可每天安排一段时间召开评审组内部会议，交流当天评审情况，讨论评审发现的问题，了解评审工作进度，及时调整评审组成员的工作任务，组织、调控评审进程，必要时调整评审计划，对评审组成员的一些疑难问题提出处理意见。最后一次评审组内部会议，应确定不符合项，编制不符合项报告，讨论评审结论，形成书面报告。

九、与资质认可机关和被评审机构的沟通

评审组在每天工作结束前，可与资质认可机关代表和/或被评审机构代表简要沟通当

天的评审情况。

在最后一次评审组内部会议结束后，与资质认可机关代表进行沟通，重点提出不予确认的检测检验能力范围和需要交流的问题，听取资质认可机关的意见，需要时解答资质认可机关关心的问题或消除双方观点的差异。

在与资质认可机关代表沟通后，评审组和资质认可机关代表一起与被评审机构管理层进行充分沟通，通报预计不予确认的检测检验能力范围、限制的检测检验能力范围、准备开具的不符合项和需要交流的问题，听取被评审机构的意见，需要时解答被评审机构关心的问题或消除各方观点的差异。涉及多场所时，在各分场所，评审组均应与被评审机构交换意见，通报评审中发现的问题，强调待各场所评审情况汇总后，统一开具不符合项记录。

十、末次会议

末次会议前评审组应完成评审报告。涉及多场所时，各分场所评审结束后，最终在总部召开末次会议，评审组全体成员应尽量参加，至少各分场所组长应参加。对于被评审机构方面至少应要求各分场所负责人参加最终的末次会议。末次会议与会人员应在评审会议签到表上签到。

末次会议由评审组组长主持。被评审机构的主要领导必须参加。会议内容至少包括：

（1）向被评审机构通报评审情况，对评审报告进行说明，对评审中发现的主要问题加以说明，确认不符合项。

（2）宣布现场评审结论，提出整改要求，明确具体的整改完成时间和验证方式。

（3）被评审机构对评审结论发表意见并签字。

（4）资质认可机关代表发言。

十一、评审后续工作

评审组撤离现场前，应封存现场试验报告及原始记录，并保存在被评审机构；将评审报告及相关附件复印件交被评审机构；将现场评审时被评审机构提供的文件、资料全部归还被评审机构。

十二、跟踪验证

现场评审后，评审组组长或其指定的评审组组员对被评审机构不符合项的纠正/纠正措施进行跟踪验证，并确认其是否有效。评审时发现的不符合项的整改期限最长为一个月，对未按期完成整改的，评审组组长应及时报告资质认可机关。

评审组组长或其指定的评审组组员进行跟踪验证时，应从以下方面对被评审机构提交的整改资料进行分析：

（1）被评审机构是否对不符合项进行了原因分析。

（2）制定的纠正措施是否具有针对性。

（3）不符合项是否已得到纠正。

（4）纠正措施是否有效。

（5）纠正措施能否保证类似问题不再发生。

评审组组长或其指定的评审组组员应要求被评审机构提交对不符合项实施纠正的客观证据，需要进行现场跟踪验证时，或对被评审机构提交的整改资料不满意而须进行现场核查的，应事先告知资质认可机关。

评审组组长在收到被评审机构的全部整改资料后，应在规定时间内提出确认意见。确认有效的，填写评审报告附表“对被评审机构整改的验收意见”。对于在整改期内无法完成整改的项目/参数，评审组应不予推荐认可。

十三、提交评审资料

评审组组长在收到被评审机构的全部整改资料并确认有效后，应在规定时间内向资质认定机关报送全部纸质版、电子版评审资料，评审组应对资质认可机关提出的评审资料审核意见和疑义进行认真处理和答疑。

报送的评审资料至少应包括：

（1）评审报告正文。

（2）评审报告附表。

（3）评审报告附件（附件8由被评审机构提交给资质认可机关）。

（4）被评审机构整改报告。

（5）其他。

第四节　现场评审方法和要求

一、现场评审的基本方法

1. 现场扫描法

现场扫描法是以全面观察被评审机构现场情况为主的评审方法，是评审发现的重点方法之一。首次会议结束后，评审专家从参观被评审机构开始就进入现场扫描评审阶段。此时，一般没有设定预定的检查目标，评审专家根据自己的分工更加注意观察自己评审范围内的情况，对被评审机构有一个大概的了解。评审专家此阶段要发挥自己的主观能动性，对发现的需要核实的问题要做好记录，必要时，可以及时询问陪同人员，进行深入检查。

这种评审方法信息量较大、涉及面广，但目的性不强，带有随机性，一般作为辅助手段，结合其他方式进行。

2. 逐项评审法

逐项评审法是按照 AQ/T 8006—2018 的规定，对照现场评审核查表的相应内容，围绕管理体系要素或者被评审机构的一个部门，逐项对被评审机构的实际工作进行的评审。这是一项常规的评审方法，尤其是评审经验不多的评审专家经常使用。

逐项评审法分为横向逐项评审法和纵向逐项评审法。横向逐项评审法即围绕一个管理体系要素，分别对多个部门逐项检查，可以了解多部门对同一要素的控制情况，适合规模不大的机构。纵向逐项评审法即围绕一个部门，检查管理体系涉及该部门的多要素在该部门的运行情况，适合于规模较大、部门较多的机构。

该评审方法的优点是执行起来比较方便，可以依据现场评审核查表不遗漏管理体系的各要素和机构的各部门，缺点是不够灵活。

3. 追踪评审法

追踪评审法是评审专家从被评审机构管理体系的某一过程的起点/终点或者过程中的某一点开始，追查自己关心的相应要素之间的联系是否合理，运作是否符合程序要求的方法。

追踪评审法分为顺向追踪和逆向追踪两种方法。顺向追踪法是从检测检验工作过程的始端（如签订委托合同）或中间某点（如开始检测检验工作）开始，按规定流程向后进行追踪检查，一直查到过程终点（如将结果报告交至客户），对过程中涉及的要素均进行检查。逆向追踪法是从检测检验工作过程的终端（如结果报告）或中间某点（如开始检测检验工作）开始，按规定流程向前进行追溯检查到过程始端（如抽样），对过程中涉及的要素均进行检查。

4. 重点发散法

重点发散法是以某些评审项目为中心，辐射扩大评审范围，对有关的环节进行追查的方法。评审专家通过管理体系文件评审和现场扫描评审（现场参观），可能发现被评审机构管理体系运行的薄弱点，或者根据自己的经验将一些关键要素控制点作为现场评审重点，围绕这些评审重点，逐项追踪，检查与其相关的管理体系要素运作是否规范、有效。

重点发散法可以从抽查几份检测检验报告、验证检测检验报告控制情况开始，也可以从抽查管理评审报告、核查管理评审输入信息是否齐全开始。该方法需要评审专家不断积累工作经验。

5. 综合评审法

综合评审法是以上几种评审方法的有机组合，它以现场评审核查表为主线，以逐项评审法和现场扫描法的发现为中心，用重点发散法向多方向展开追踪评审的方法。此方法要求评审专家具有较高的综合调控能力，比较灵活，便于发挥评审专家的主观能动性和创造性。

二、搜集客观证据的方法

安全生产检测检验机构能力确认现场评审是一种抽样检查活动，在有限的评审时间内，评审专家需要采取多种沟通手段，搜集被评审机构管理体系和技术能力现状的客观证据，为公正、客观地确认被评审机构的管理能力和技术能力提供足够支持的证据。

1. 现场观察

现场观察是评审专家以职业敏感和工作、评审经验，观察被评审机构现场以取得有用信息、有效收集客观证据的基本方法，包括观察工作现场、观察现场检测检验工作过程等。评审专家在现场评审活动中，要特别注意现场观察方法的采用，对于现场检测检验的项目更需注意应用。一般情况下，首次会议结束后，评审专家由被评审机构有关人员陪同参观试验现场。评审专家可以通过参观，了解整个机构概况，发现薄弱环节，为下一步的重点评审打下基础。在评审过程中，评审专家可以有目的、有重点地进行现场观察。

2. 现场提问

现场提问是评审专家从被评审机构答复中主动获得有用信息的重要方式之一。评审专家从进入评审现场开始到评审活动结束，一直在与被评审机构通过语言沟通交流获取客观证据。

现场提问一般包括开放式提问和封闭式提问等方式。

现场提问注意事项：①应简洁明了，表达准确清晰，最好一事一问，避免一次提出多个问题；②要选择好对象，找对责任人；③要选好时机，特别是不要影响检测检验人员的正常试验操作。

3. 查阅文件、核查记录

文件是被评审机构管理体系建立的法定文件和管理体系运行的依据，记录是其管理体系运行状况的反映。查阅文件、核查记录是现场评审获取客观证据的主要方法。

被评审机构管理体系文件包括管理手册、程序文件、作业指导书、质量计划、外来文件等。各种记录包括质量记录、技术记录等。评审时应重点关注被评审机构管理体系的实际运行记录。这些记录既是被评审机构管理体系运行的可追溯性信息资料，也是管理体系运行的有效证据。

核查技术记录，可以发现被评审机构对原始记录管控的各个环节具体是怎样进行的，核查存档检测检验报告，可以了解检测检验报告形成的全过程，从中可以发现丰富的信息。检测检验报告是被评审机构的最终产品，在某种程度上，检测检验报告的质量代表着一个检测检验机构的管理水平和技术水平。

4. 现场试验

安全生产检测检验机构能力确认现场评审与一般的管理体系评审（如 ISO 9000 认证）的最重要区别在于安全生产检测检验机构评审要对被评审机构申请的技术能力进行评审确认。现场试验考核是确认被评审机构技术能力的一种有效方式，是逐项确认其技术能力的主要手段。现场试验考核时要注重过程评审，要注意观察被评审机构从接受委托任务到出具检测检验报告的全过程的每一个阶段，特别是在现场试验考核时要跟踪观察其试验的全过程。

现场试验项目选择时要具有代表性和针对性，既要选择被评审机构业务量大的检测检验项目，也要选择业务量很小的检测检验项目，每个检测检验项目尽可能覆盖其申请认可的主要项目/参数，同时要能覆盖不同地点。对于从事现场检测检验的被评审机构，应至少安排一个现场试验项目进行考核。安排现场试验项目时应注意适量，应控制在评审时间内能够完成为宜；对于试验时间较长的试验项目，可以采取演示或缩短试验时间的方式进行考核。

现场试验考核时要重点观察：

（1）人员的培训、授权及操作。

（2）设备的选择及量值溯源。

（3）检测检验方法的选择。

（4）试验环境。

（5）检测检验程序。

（6）记录的内容信息量。

（7）数据的处理。

（8）结果报告内容、格式。

（9）样品管理等内容。

5. 现场座谈会、考试

在现场评审中，可以召集被评审机构有关岗位人员进行座谈，通过面对面谈话方式收集信息，也可以进行书面考试，将提问和问答转换为书面形式。座谈方式覆盖面大，各方人员在场，节省时间，但要避免相互代答问题。考试也能扩大信息收集面，但问题针对性不强，且评审专家需要提前准备试题，还要评阅试卷，增加了工作量。

三、评审过程的控制

1. 始终围绕评审任务开展工作

评审组自评审策划到提交评审报告结束，都要坚持预定目标，始终围绕评审任务开展工作。要严格按照评审计划的安排，不受被评审机构的干扰。评审组组长要掌握评审局势，随时了解评审动态，把握方向，发现偏离时及时调整、协调。评审组组员要保持清醒头脑，清楚自己正在检查、了解的问题，不因干扰偏离评审方向。

2. 严格控制评审范围

评审组要严格按照评审计划确定的评审范围开展评审工作，不可超越评审范围，不可将被评审机构申请资质认可范围以外、不属于管理体系控制范围内的其他情况作为不符合项或观察项提出。

3. 准确使用评审依据

现场评审的依据是 AQ/T 8006—2018 被评审机构管理体系文件和依据的检测检验标准规范等。现场评审时要坚持事实与依据核对的原则，不符合项必须是建立在客观证据上的观察结果，且应在评审范围内，能与评审依据相对应。

4. 适当控制工作进度

现场评审是在评审计划的框架内进行的，各阶段评审工作要在预定评审时间内完成。一般情况下，如果现场评审由于特殊情况不能严格按照规定时间进行，就要求评审组组长根据评审情况及时调整时间安排，利用评审组内部协调会与被评审机构协调沟通会等方式进行宏观控制，合理安排评审时间，保证评审工作按计划完成。评审组组员要遵守评审计划，服从评审组组长指挥，遇到问题及时沟通协调，保持评审组的集体和谐，发挥整体效能。

5. 保持良好工作气氛

自始至终创造和保持一种和谐、融洽和轻松的工作气氛是保证现场评审工作顺利进行的前提。评审专家要表现出既有权威性又不盛气凌人，处处注意与被评审机构建立良好工作关系，要保持冷静、镇定，有礼貌、有耐心，平等、和气，不使被评审机构感到自己处于受审位置，消除紧张气氛，促使大家平等参与，保持一种和谐的评审工作氛围。

四、管理体系文件的评审

管理体系文件评审包括对管理手册、程序文件、作业指导书、记录表格等的评审。

1. 对管理体系文件的基本要求

（1）文件化的管理体系是否符合 AQ/T 8006—2018 的规定。管理手册和程序文件是被评审机构表明自己的管理体系符合资质认可要求的基本文件，必须涉及全部要素。

（2）管理体系文件中是否有明确的质量方针和质量目标。质量方针是否体现了被评审机构的工作宗旨，质量目标是否围绕质量方针提出具体、可测量的要求。

（3）管理体系文件中是否明确了被评审机构的组织机构，组织结构描述是否清晰，并明确规定了各部门的职责和权限；是否规定了主要质量活动的归口负责单位和各责任部门及相互协调关系，各职能分配是否合理、不交叉重叠、不遗漏；是否明确规定了对检测检验质量有影响的所有人员的职责和权限。

（4）管理体系文件是否具有系统性、协调性、层次性。管理手册及支持性文件，如程序文件、作业指导书等所有管理体系文件是否体现出良好的系统性、协调性和层次性，能够服从或服务于质量方针，各文件接口是否能够做到清晰，文件间不冲突、不矛盾，保持一致，具有良好操作性。

（5）管理体系文件是否有唯一性标识，是否有发布和实施日期、修订标识、页码/总页数或文件结束标记、批准签字等；文件编号、受控状态标识和文件更改的实施是否符合文件控制程序的要求；相关的程序文件、作业指导书、记录表格是否已按规定编号进行有效控制。

2. 管理体系文件确认方式

（1）通读管理手册。通读管理手册，在头脑中形成整体印象，包括被评审机构概况、组织结构、部门设置及职责分工、相关要素、支持性文件目录等。

（2）细读管理手册及相关程序文件、记录等。在仔细阅读管理手册过程中，随时核对 AQ/T 8006—2018、相关程序文件和记录，确认其在运行范围、深度上是否满足相关要求。

五、技术能力评审

技术能力即被评审机构从事某项目具体检测检验工作并给出可靠结果报告的能力。从确认角度看，技术能力包括人员、设施和环境条件、方法及方法的确认、设备、测量溯源性、抽样、物品的处置、结果质量的保证及结果报告等方面的能力。

1. 技术能力范围的评审

安全生产检测检验机构技术能力范围是指资质认可机关承认的被评审机构的技术能力范围。技术能力范围的确认是评审组的一项最重要的任务。

被评审机构的技术能力范围的描述应精确到具体检测检验项目/参数，技术能力范围一般用检测检验对象、项目/参数、依据标准编号及名称、限制范围与说明的方法进行。在限制范围与说明中需要明确检测检验范围、检测检验限制等事项。如检测检验方法规定了几种方法，但现场评审只确认了一种，需要明确是哪种方法；再如现场评审确认被评审机构只能检测检验某些产品多大规格以下、检测检验项目多大能力以下，则也要在限制范围与说明中进行具体描述。

2. 技术能力的评审原则

技术能力评审工作要遵循具体、深入、全面的原则。具体，即要对可拆分的检测检验项目进行逐一评价。深入，即要按照检测检验方法的要求，认真评价被评审机构的检测检验活动与方法的符合性。全面，就是要把构成技术能力的所有要素都包括在内。

技术能力评审的基本思路是从方法（标准）入手，首先评价被评审机构在设备配置、设施和环境条件、量值溯源性方面是否具备检测检验的基本条件，其次进一步核查人员的技术能力，最后还要确认其质量控制和质量管理能力。

评审专家在评审过程中要始终按照机构申请的检测检验项目和检测检验依据标准开展技术能力确认工作，重点关注检测检验人员对检测检验对象的结构和原理是否熟悉，对依据标准的相关条款是否熟悉，理解是否正确，配置的仪器设备是否满足依据标准的相关规定要求（量程、精度等），人员操作是否熟练，试验的环境条件是否满足依据标准的相关规定要求，使用的检测检验方法是否与依据标准的规定方法一致，样品的制样或预处理是否满足依据标准的相关规定要求等。总之，从人员、设备、样品、方法、环境、测试等各方面全面考核机构是否具备申请项目的检测检验能力。

技术能力的评审原则上应基于现场试验等技术能力考核的结果和评审专家的专业判断，尽量减小确认风险，选择适宜的评审方式进行确认。

（1）评审专家在评审过程中应做到：

1）跟踪关键试验过程。

2）现场试验时应注意观察试验设备、试验环境和人员操作。

3）对照试验用检测检验标准或规范进行核查。

4）现场见证试验时应就相关技术问题对试验人员进行提问。

（2）确定检测检验能力时应注意的问题：

1）检测检验技术能力是以现场评审时具备的条件为依据，不能以许诺、推测作为检测检验能力的依据。

2）分包和临时借用客户设备的现场检测检验项目不能作为检测检验技术能力。

3）检测检验项目按申请的范围进行确认，评审专家不得擅自增加或提示增加检测检验项目。

4）被评审机构不能提供有效检测检验标准、现有检测检验人员不具备相应的技能、无检测检验设备或检测检验设备配置不正确、环境条件不满足检验要求的，均按不具备技术能力进行处理。

3. 技术能力的评审方式

在现场评审中，评审组一般可采取以下几种方式对被评审机构的技术能力进行评审。

（1）现场试验。为了获取被评审机构具备从事某项目检测检验能力的直接证据，现场评审组可以有意识地安排被评审机构在评审组在场见证的情况下，依据申请的检测检验标准进行某些检测检验项目的检测检验工作，一般称为现场试验。现场试验时，评审专家在现场观察被评审机构工作人员完成评审组指定的检测检验项目的全过程，评审专家在观察的同时，通过适时提问、核查，直观、完整地获得被评审机构是否具备安排的检测检验项目的技术能力。现场试验是现场评审中最可行、最有效的确认方式之一，评审组在现场评审时应尽可能选用该确认方法。现场试验应尽可能选用被评审机构正在进行的检测检验工作，也可采用留样再检。选择现场试验项目时，要注意检测检验项目的代表性。对于从事现场检测检验的被评审机构，一般要求至少选择一项现场检测检验项目进行现场观察。

（2）利用检测检验能力考核活动结果。检测检验能力考核活动包括资质认可机关组织实施的和资质认可机关承认的机构组织实施的检测检验机构间比对。被评审机构参加资质认可机关承认的检测检验能力考核活动，可以较好反映其综合能力。如果被评审机构参加资质认可机关或应急管理部组织开展的盲样测试、检测检验机构间比对等检测检验能力考核活动结果满意，在现场评审中可以对有关检测检验项目的技术能力直接进行确认；对于被评审机构参加由其他部门开展的检测检验能力考核活动和检测检验机构间比对，其运作过程和结果在经评审组核查、判断、确认后，也可以予以确认。

（3）现场演示。现场演示是一种特殊的现场试验，是指采用部分现场试验，加上操作人员口述和模拟操作，展现现场试验过程的方法。现场演示一般适合于某些检测检验时间较长（如寿命试验），不便在现场评审时间内观察试验的全过程，或某些检测检验步骤对能力确认意义不大（如样品预处理），以及样品特大、品种不便准备（如矿用提升现场检测检验）的检测检验项目。需要长时间准备的试验项目，允许被评审机构提前准备。

（4）现场提问。现场提问是指评审专家与被评审机构有关检测检验项目的技术人员就方法（标准）的理解、技术原理、检测检验方法等问题进行提问、讨论，是技术能力确认必用的辅助方法之一。采用此种方法，可以较深入地了解被评审机构关键技术人员的基础知识理论、实践经验和技术水平。

（5）查阅记录/报告。评审专家可以通过选取被评审机构一定数量的检测检验报告及所有相关原始记录进行核查，从而确认其是否具备相关技术能力。采用查阅记录/报告进行技术能力确认时，要注重抽取记录/报告的真实性和有效性，必要时应找来当时的检测检验人员进行询问，因此一般应结合其他能力确认方法同时进行。

（6）核查设备配置。评审专家根据检测检验方法（标准）的规定，对被评审机构关键设备和装置进行核查，以确认被评审机构是否具备相关检测检验设备及设备是否能够正常运行、能够满足检测检验需求。核查设备配置时，要关注设备的不确定度、量值溯源及管理等情况。

（7）其他方法。可以采用盲样测试等方法，验证被评审机构的技术能力。

现场试验、资质认可机关承认的检测检验能力考核活动的结果可以单独确认被评审机构的技术能力，其他方法只能用作辅助方法，必须组合使用。评审专家在评审现场可以根据具体情况采取不同的技术能力确认方式。

4. 授权签字人考核

授权签字人是指经提名、考核批准、安全生产检测检验机构授权，负责批准授权范围内检测检验报告的人员。授权签字人由被评审机构提名，经评审组现场考核合格，资质认可机关批准，在授权的检测检验项目范围内签发检测检验报告。授权签字人必须具备以下条件：

（1）具有相关专业高级技术职称。

（2）具有 5 年以上与其授权签字能力范围相关的检测检验经历。

（3）具有并熟悉相应的职责和权利，能对检测检验结果的完整性和准确性负责。

（4）与检测检验技术接触紧密，掌握有关的检测检验项目限制范围。

（5）熟悉有关检测检验标准、方法及规程。

（6）有能力对相关检测检验结果进行评定，了解测量结果的不确定度。

（7）熟悉记录、报告及其核查程序。

（8）熟悉法律、法规和规章等涉及检测检验的相关规定。

授权签字人对安全生产检测检验机构出具的检测检验报告的质量进行把关，责任重大。现场评审时，评审组要慎重做好对授权签字人的考核。评审组组长在查阅申请人有关背景材料后，主要采取面谈的方式对申请人进行考核，其他评审专家协助，适时提问，问题包括质量管理、专业技能等方面，还应就评审中发现的被评审机构的薄弱环节、存在的问题进行探讨，以确认其技术与管理能力。授权签字人至少应是部门负责人，对于不直接从事检测检验工作的行政领导一般不予确认。部门负责人的签字范围一般限于本部门的检测检验报告。

第五节　现场评审中有关问题的处理

一、对被评审机构检测检验经历的要求

评审组必须对被评审机构申请认可的各个场所的检测检验对象、项目/参数逐个进行确认，对被评审机构暂没有检测检验经历的检测检验对象、项目/参数，或没有对检测检验结果的准确性、可靠性进行过评价、确认，或没有实施质量控制的项目/参数，一律不予确认。初次、变更、增项评审时，被评审机构的模拟检测检验报告可以视为具有检测检验经历，但必须按开展新项目评审程序的要求开展了相应活动，具有开展新项目的全套文件和相关记录。延续评审时，被评审机构的模拟检测检验报告不可以视为具有检测检验经历，必须具有真实、具体的检测检验报告。

二、非标准检测检验方法的确认

1. 被评审机构采用的检测检验方法一般要求直接选用与安全生产相关的国家标准、行业标准、团体标准、地方标准发布的方法（标准方法）；国际标准或区域标准发布的方法、非标准方法，仅限在特定客户的检测检验中使用。

当被评审机构采用下述非标准检测检验方法时，需经确认后才能使用：

（1）检测检验机构自制的方法。

（2）超出其预定范围使用的标准方法。

（3）扩充和修改过的标准方法。

2. 被评审机构应按照相应文件控制的要求，对非标准检测检验方法履行完整的技术文件验证、确认和审批程序，并保留相应的记录。应将该方法的文本文件及相关验证材料及技术特点的说明材料提交给评审组审查。

3. 在对非标准方法进行确认时，评审组应通过对相关确认资料进行核查，确认其真实性、准确性和可靠性，对被评审机构是否具备按非标准方法进行检测检验的能力进行考核，最后做出是否予以确认的建议，并在评审报告附表1的“说明”栏中注明“非标准方法”。

三、检测检验能力考核活动结果的利用

1. 资质认可机关承认的检测检验能力考核活动包括：

（1）能力验证（由资质认可机关组织实施，或资质认可机关承认的机构组织实施的

能力验证活动）。

（2）资质认可机关或应急管理部组织开展的盲样测试、检测检验机构间比对等检测能力考核活动。

（3）其他部门组织开展的检测检验能力考核活动和检测检验机构间比对，且其运作过程和结果经评审组核查、判断、确认，并经资质认可机关承认的检测能力考核活动。

2. 参加了资质认可机关承认的检测检验能力考核活动，且获得满意结果的被评审机构，若其试验人员、环境、试验用仪器设备、依据的标准/方法没有变化，仪器设备在校准周期内且持续确认有效，现场评审时，可免除对检测检验能力考核活动项目的现场试验，对其相关技术能力直接进行确认。

3. 对检测检验能力考核结果为不满意和有问题的项目，评审组应特别予以关注：

（1）优先安排现场试验。

（2）核查整改报告及采取的纠正措施。

（3）特别注意检测检验能力考核结果所涉及的相关项目的确认。

4. 当评审组接受资质认可机关的安排，对检测检验能力考核结果为不满意的项目进行验证时，评审组应：

（1）核实整改报告的真实性，确认“分析不符合发生原因”是否正确。

（2）通过现场试验验证纠正措施的有效性。

（3）现场试验的方式应尽量进行已赋值的盲样测试或进行比对试验或常规试验。

（4）完成整改确认报告并提交资质认可机关。

四、评估测量不确定度的要求

1. 检测检验机构应建立并实施测量不确定度评估程序，规定计算测量不确定度的方法。

2. 当检测检验产生数值结果，或者报告的结果是建立在数值结果基础之上时，则需要评估这些数值结果的不确定度。对每个检测检验领域适用的典型试验均应进行不确定度评估。因检测检验方法的原因无法用计量学或统计学方法进行测量不确定度的评估时，检测检验机构至少应尝试识别不确定度分量，并做出合理评估。

3. 当检测检验结果不是用数值表示，或者不是建立在数值数据基础之上时（如合格/不合格，或基于视觉或触觉以及其他定性检测检验），则不需要对不确定度进行评定。

4. 评审组可通过抽查典型试验不确定度评估报告、询问相关人员进行考核。不确定度的评估过程有缺陷或相关人员对评估过程解释不清或不了解时，应开具不符合项。

五、量值溯源的要求

1. 资质认可机关承认的量值溯源机构包括：

（1）中国法定计量体系中依法设置的计量检定机构。

（2）CNAS 认可的校准实验室。

（3）ILAC、APLAC 和 MRA 成员认可的校准实验室。

2. 资质认可机关承认的有效的量值溯源结果，包括资质认可机关承认的量值溯源机构出具的检定证书或校准报告；或被评审机构利用建立的计量标准进行检定或校准的结果；或采用检测检验机构间比对的方式提供的测试结果。

（1）被评审机构提供的计量检定机构或校准实验室出具的检定证书或校准报告。

（2）被评审机构提供的最高计量标准器具可作为内部校准量值溯源的证据。

（3）当无法溯源，采用检测检验机构间比对的方式来提供测量的可信度时，应保证：

1）选择的检测检验机构应至少三家以上，且应是获得安全生产检测检验资质的机构或是经 CNAS 或 ILAC、APLAC 和 MRA 成员认可的实验室。

2）制定比对方案，并确认其适用性、可行性和有效性。

3）对比对结果进行分析评价。

3. 资质认可机关承认的具有溯源性的标准物质有：

（1）有证标准物质。

（2）CNAS 认可的 RMP 生产的标准物质。

（3）由 ILAC、APLAC 和 MRA 认可的标准物质提供者生产的标准物质。

（4）国际、国内行业公认的标准物质。

标准物质应在规定的有效期内使用。

六、授权签字人的确认

1. 评审组对授权签字人进行考核时应重点考核其是否熟悉应急管理部和资质认可机关的相关要求，技术能力是否满足要求。不能满足这些要求的人员，则不予推荐。

2. 通过资料审查、电话考核等非面试考核方式增加的授权签字人，在随后的现场评审时，评审组应对其进行面试考核。

七、不符合项和观察项

1. 评审组开具不符合项时，应注意以下几点：

（1）对于多个同类型的不符合项，在评审组内部会进行沟通时，应汇总成一个典型的不符合项。

（2）涉及多场所的不符合项应注意：

1）对各个分场所都有的相同的不符合项，统一开具一份不符合项。

2）如果属于总部的问题，不符合项应开在总部的管理机构。

3）如果是涉及部分场所的不符合项，可在不符合项记录中注明发现问题的相应分场所。

（3）严禁评审组对有确凿证据表明具有不符合事实的严重问题，只与被评审机构进行口头交流，而不开具不符合项记录。

2. 评审组开具观察项时，应注意以下几点：

（1）对于观察项，评审组不一定要求被评审机构提供书面整改报告，但应要求被评审机构对观察项进行说明，随整改材料上报。

（2）在延续评审时，评审组应关注上次评审时开具的观察项。

八、对租用设备设施的要求

1. 被评审机构存在租用的设备设施时应满足下述要求：

（1）租用的设备由被评审机构的人员进行操作。

（2）被评审机构对租用的设备设施进行维护，并能控制其检定/校准状态。

（3）被评审机构对租用设备设施的使用环境、贮存条件应能进行控制。

2. 当被评审机构租用的设备设施存在下述情况时，评审组不能予以确认：

（1）租用的设备不能由被评审机构的人员进行操作。

（2）租用的设备设施由多家使用，被评审机构不能对其进行维护和控制。

（3）被评审机构与设备设施出租机构是合作关系。

九、离开固定设施的现场和可移动设施内进行检测检验的要求

1. 当被评审机构需在离开固定设施的现场和可移动设施内进行检测检验时，被评审机构应：

（1）通过对实际情况的分析，制定相关的程序文件。

（2）对仪器设备的运输、检查、维护、校准周期等须与固定设施不同，应加大维护、期间核查的力度。

（3）保证使用条件和环境条件符合要求。

（4）要有措施或制度确保检测检验活动中人员、仪器设备、设施及检测检验对象等的安全。

2. 在离开固定设施的现场和使用可移动设施进行检测检验的项目，评审组在评审报告附表 1 的“说明”栏中应注明“现场”或“移动”。

十、对内审员的要求

1. 内审员应经过有效的培训，并经有效的授权。

2. 评审组对内审员培训有效性进行评价时，应关注：

(1) 内审员的培训内容。

(2) 内审员的培训时间，不少于 16 小时。

(3) 内审员进行内审的实际能力。

3. 评审组对内审员能力进行评价时，应关注：

(1) 评价内审报告的质量。

(2) 审查内审报告的真实性、信息的完整性。

(3) 提问内审员对内审的理解，了解内审的过程等。

十一、中途停止评审的条件

发现下列任何情况之一，经请示资质认可机关同意，评审组可以中途停止评审。

1. 被评审机构实际状况与申请资料描述严重不符。

2. 被评审机构的管理体系初始运行的实际时间距现场评审不足 3 个月。

3. 被评审机构管理体系控制失效。

4. 现场不具备评审条件。

5. 被评审机构有意妨碍评审工作，以致无法进行评审。

6. 被评审机构有故意超范围使用资质标志、严重违法、违规情况。

7. 被评审机构有恶意损害资质认可机关或应急管理部声誉的行为。

十二、现场评审计划的调整

1. 现场评审时，若现场评审通知中的人数需要调整时，评审组组长应征得资质认可机关和被评审机构的同意。

2. 现场评审时，评审组成员由于特殊情况，不能按评审计划到达评审现场或需提前离开评审现场时，评审组组长应通报资质认可机关，并在评审报告的附加说明中进行说明。

3. 除正式提出增项申请外，在初次、变更、延续评审现场，评审组不接受被评审机构临时提出的增项评审申请。

十三、带内部校准检测检验机构的要求

当被评审机构有内部校准项目时，内部校准的最高工作标（基）准应具备溯源性；内部校准规程若属非标准方法，应符合 AQ/T 8006—2018 中对非标准方法确认程序的要求。

十四、涉及多场所的现场评审要求

1. 被评审机构申请多场所认可时，评审组组长应派相应专业的评审组成员对所有场所进行评审。评审未覆盖的分场所，其能力不予确认。

2. 各分场所现场评审开始前，评审组应召开由评审组相关人员和分场所有关人员参加的评审说明会，评审结束前，应召开情况通报会，由分组组长主持，并告知对分场所不做评审结论，待各场所情况汇总后，统一做出结论。

3. 评审各分场所的评审组应在分场所现场至少完成评审报告附表 1、附表 2、附件 1、附件 2、附件 3。

4. 各分场所评审时的现场试验报告和原始记录，按照被评审机构要求的地点封存。

5. 现场评审过程中，评审组组长应与在各分场所评审的评审组保持联系，及时沟通情况。

十五、相关法律、法规、规章的要求

1. 现场评审中评审组发现被评审机构的工作不符合相关法律、法规、规章（例如，安全生产法、矿山安全法、环境保护法等）要求时，应书面报告资质认可机关。评审组可以用观察项的形式提出，以引起被评审机构重视。

2. 现场评审时，评审组应检查被评审机构遵守相关法律、法规、规章的情况，如是否出具虚假报告、发现事故隐患是否及时告知、是否超范围检测检验、分包单位的资格是否有效等。

3. 被评审机构人员资格应符合相关领域特殊要求和/或标准的要求。

4. 被评审机构人员不得在被评审机构以外的检测检验机构兼职。现场评审时，评审组可要求被评审机构提供所关注人员未兼职的自我声明及相关证据。

5. 被评审机构中符合法律、法规、规章资格要求的人员应与被评审机构有长期、固定、合法的劳动关系。

十六、管理体系运行记录审查起始时间的要求

1. 对于初次评审的被评审机构，当被评审机构提交的有效版本的管理体系文件不是

第一版，且运行时间不足 3 个月时，评审组需审查被评审机构上一版体系文件运行的记录。

2. 现场评审时，被评审机构的管理体系运行 12 个月以上的，可审查 12 个月内体系运行的记录。

十七、争议的处理

1. 在评审过程中提出的争议，一般由评审组组长与被评审机构依据 AQ/T 8006—2018 等规范性文件协商处理。

2. 对经协商仍不能取得一致意见的，评审组组长可做出评审组的相关结论，但应将争议的情况在 10 个工作日内以书面形式报告资质认可机关。

第六节　对不符合项和观察项的确认

一、不符合项和观察项的划分

评审专家通过现场抽样核查，认为被评审机构管理能力和技术能力符合 AQ/T 8006—2018 等规范性文件的规定，且能按照管理体系文件有效运行，则可确认为符合要求。但能力确认现场评审过程中常发现一些不符合或潜在不符合的情况，将其分为不符合项和观察项。

1. 不符合项

不符合项是指在评审时发现的不满足规定要求的事实，其对检测检验质量会产生不良影响，包括管理体系文件不符合要求、实际运行未按程序规定进行和质量活动未达到预期效果等。

不符合项的判定依据如下：

（1）管理体系文件的判定依据是 AQ/T 8006—2018。

（2）管理体系运行过程、运行记录、人员操作等的判定依据是管理体系文件（包括管理手册、程序文件、作业指导书等管理性文件）、检测检验标准/规范/方法等。

不符合项的提出是评审组综合评价被评审机构管理体系有效性和技术能力是否符合资质认可要求的重要依据。不符合项的提出应事实确凿，其描述应严格引用客观证据，如具体的管理体系文件、检测检验记录、检测检验报告、检测检验标准/规范/方法及具体活动等，在保证可追溯的前提下，应尽可能简洁，不加修饰，且应得到被评审机构的确认。

对于一般的不符合，只要被评审机构采取纠正/纠正措施并经评审组验证有效后，不影响对其能力确认。例如：在管理体系中孤立、人为疏忽，能很快纠正；偶尔未遵守规定、造成后果不严重；个别控制过程不完善，但对系统不会产生大的缺陷等。

对于可能导致管理体系失效和技术能力缺陷的严重不符合项，评审组可以不予以确认或对某些检测检验项目不予确认。如管理体系文件中缺少 AQ/T 8006—2018 的某些要求或重要部分遗漏；实际运作严重脱离管理体系文件，关键工作过程失控，已经或可能对检测检验质量产生严重不良影响；管理体系在某一部门实施严重失效；技术能力不能满足检测检验方法（标准）的要求；同一问题在多个部门重复出现或多个问题出自同一部门等。

对于不符合项，被评审机构必须采取有效的纠正/纠正措施。

2. 观察项

观察项是指到评审活动结束为止，尚无充分的证据证明评审专家观察到的内容不符合规定要求，或者根据评审专家的经验，认为某方面可能存在潜在的不符合因素，需要引起被评审机构的注意。

发生以下情况应开具观察项记录：

（1）被评审机构的某些规定或采取的措施可能导致相关的管理活动达不到预期的效果，但尚无证据表明不符合情况已发生。

（2）评审组已产生疑问，但在现场评审期间由于客观原因无法进一步核实，对是否构成不符合不能做出准确的判断。

（3）现场评审中发现被评审机构的工作不符合相关法律、法规、规章要求时。

评审组开具的观察项记录应将事实描述清楚，以便被评审机构进一步调查和落实。严禁将证据、事实充分的不符合项列成观察项。

对于观察项，不要求被评审机构采取纠正/纠正措施，但要求进行调查分析，必要时采取纠正/纠正措施。

二、不符合项记录要求

评审中发现的不符合项以不符合项记录的书面形式表达。评审组在末次会议上向被评审机构反馈，在此基础上做出被评审机构是否满足资质认可要求的结论。

不符合项记录应严格引用客观证据，并具有可追溯性，一般应包括以下内容：

1. 不符合的事实描述

不符合事实指在评审的范围内所发现的客观事实。不符合事实描述应有足够的细节但不烦琐，应简单明了、证据确凿、不加修饰，便于阅读者理解。不符合事实应在现场评审核查表中有所记录，作为可追溯的客观证据。一份不符合项记录只表述一种不符合情况，同类不符合事实可以合并表述。

2. 不符合的结论

不符合的结论是指评审中发现的事实与判定依据的规定不符。得出不符合结论时应注意所依据的应是本次评审确定的依据，管理体系文件应是有效的文件，应给出明确的文件名称、编号及条款号，对照不符合条款时要认真分析，准确地选用条款。

3. 不符合的沟通

评审组确定出不符合结论后，被评审机构要进行整改。为了便于被评审机构采取纠正措施进行整改，评审组应与被评审机构进行充分沟通，使被评审机构知道为什么开具不符合项，便于后续整改。

三、不符合项确认

1. 开具不符合项的原则

（1）严格引用客观证据，事实清楚，不能模棱两可；

（2）具有可追溯性；

（3）不符合条款判断准确；

（4）叙述尽可能简洁，不加修饰；

（5）不加主观判断，不用指责性口吻。

2. 不符合项类型

不符合项一般有以下几种类型：

（1）文件化不符合。由于理解上的偏离导致制订的管理体系文件不符合 AQ/T 8006—2018 的规定。

（2）实施性不符合。虽然制定的管理体系文件符合 AQ/T 8006—2018 的规定，但实施中出现问题，文件有规定未实施执行，或执行不力，未能完全按规定去做。

（3）效果性不符合。制订的管理体系文件符合 AQ/T 8006—2018 的规定，也按规定实施执行，但最终效果不佳，仍未能满足要求。

在评审中对不符合项的确认是件非常慎重的事情，开具不符合项必须有客观证据，并将不符合项事实与 AQ/T 8006—2018 中的条款要求结合起来，如果无法找到违反有关条款的规定，一般情况下就不能判定为不符合项。

3. 开具不符合项时的常见问题

（1）描述过于笼统简单，事实无法追溯。

【案例】 检测报告信息量不全。

分析：未明确检测报告的编号（具体对象），未明确缺少哪些信息（不符合事实），无法追溯。对于发现的不符合项，要直接描述客观事实，容易犯的错误是直接叙述结论，引用条款或提出要求，未明确描述现场相关发现。当现场发现不符合项时，需要对发现的事实清晰描述，事实要点表达应完整，语言表达应顺畅，逻辑应清晰。

类似描述的案例还有：

【案例】 管理评审输入信息较少。

分析：未明确哪年的管理评审，缺少哪些输入信息。

【案例】 设备档案内容不完整。

分析：未明确哪个设备的档案，缺少哪些内容。

【案例】 个别项目没有按照“开展新项目评审程序”执行，没有相关的试验支持性材料。

分析：未明确哪个项目，哪些相关的试验支持性材料。

【案例】 由于“不符合检测工作控制程序”可操作性不强，导致所发现的不符合工作处理不到位。

分析：事实描述不清，不知所云。可操作性不强、处理不到位描述过于主观。

【案例】 实施纠正措施时未进行原因分析。

分析：事实描述不清，未明确实施纠正措施的时间、地点、对象、记录等信息，无法追溯。

(2) 使用建议、应该、不应、希望、需要等主观词汇表述。

【案例】 检验人员操作不熟练，应该加强培训。

分析：操作不熟练、应该加强培训描述过于主观，被评审机构的整改无所适从。对于发现的不符合项，要直接描述客观事实，不能额外增加分析、总结的内容。

【案例】 实验室有些检验项目失控，建议采取措施。

分析：未明确哪些检验项目，怎么失控。建议采取措施描述过于主观，无法整改。

(3) 判断条款不准确。

【案例】 实验室不能提供分包方的证明记录，不符合 AQ/T 8006—2018 中 4.5 分包。

分析：不符合项的事实具体不符合哪个条款一定要准确，要避免用错条款或者同时应用多个条款，一般应该对应到最小的条款上，不能对到大条款上。如本条描述应该具体到更小的条款“4.5.4 检测检验机构应保存对分包方能力及其有关工作符合本标准及相关标准的详细调查和证明记录以及所有分包方的登记表。”

【案例】 查阅编号为20161008的煤矿用低浓度载体催化式甲烷传感器检验报告，其原始记录中未见交变湿热试验时的温湿度监控记录，不符合AQ/T 8006—2018中4.13.2.2。

分析：本条系用错条款。AQ/T 8006—2018中4.13.2.2规定：“观察结果、数据和计算应在产生的当时予以记录，以防止丢失有关信息，并能按照特定任务分类识别。”本条应判不符合“5.3.2 相关标准规范、方法和程序有要求，或对结果的质量有影响时，检测检验机构应监测、控制和记录环境条件。对诸如生物消毒、灰尘、电磁干扰、辐射、湿度、供电、温度、声级和振动等应予以重视，使其适应于相关的技术活动要求。当环境条件危及到检测检验的结果时，应停止检测检验活动。”

(4) 多项不符合事实合并陈述。

【案例】 查阅编号为20161101的钢丝绳检验报告及原始记录，“弯曲次数”的测定未按标准的规定操作，拉力试验机未校准，原始记录和检验报告无检验人员签名。

分析：本条不符合事实包含多个不符合项，“未按标准的规定操作”不符合5.4.1；“原始记录无检验人员签名”不符合4.13.2.1；“拉力试验机未校准”不符合5.6.1；“检验报告无检验人员签名”不符合5.10.2.1.k。正确的做法是，每个不符合事实应分别开具不符合项。

(5) 描述过于简单，无法判定不符合事实是否成立。

【案例】 2015年8月开具的不符合报告中描述：“编号为04的温度计检定证书已到期（2015年2月11日）。”

分析：该温度计的用途未说明，到期后是否还继续用于检测或环境监测未说明。单从描述看无法判定不符合项是否成立。

类似描述的案例还有：

——实验室未对从事现场检测工作的“王某某”“肖某某”进行监督。

——质量手册组织4.3中规定的技术负责人职责不全。

——对标准有定期查新规定、查新记录，因标准变化快，跟踪及时性不够。

——人员业绩档案记录内容不够，不能准确、全面反映职工的业绩。

(6) 现场试验确认过于看重试验结果，忽视试验过程中人员操作与方法的符合性。

(7) 对难以整改的问题（如设备、设施等）采用口头通报方式，不开具不符合报告。

(8) 碍于情面或其他原因少开、不开、合并开具不符合报告。

四、不符合项整改的验收

被评审机构应根据评审组提出的不符合项及其整改要求，分析不符合项产生的原因，制订整改计划。整改计划应对每个不符合项确定最有效的整改措施，落实整改责任人，明确整改完成期限。整改计划完成后，应对整改措施的实施过程和有效性进行跟踪，对整改结果进行验证和有效性评价，如果整改结果未达到预期目的，则应重新制定整改计划或返回责任部门再次实施整改。整改达到要求后，被评审机构应将整改情况写成报告，并附上整改结果有效的客观证据材料报评审组组长审查。

1. 整改的验收要求

(1) 对于技术能力的整改确认可由当时负责的评审专家完成。

(2) 被评审机构必须提供客观证据表明已完成整改。

(3) 下列情况，应考虑现场验证：

1) 对于涉及影响检测检验结果的有效性和被评审机构诚信度的不符合项。

2) 涉及设施和环境条件不符合要求。

3) 涉及设备故障、欠缺的。

4) 对整改材料仅进行书面验证不能确认整改有效的。

2. 整改的验收关注点

(1) 被评审机构对原因分析是否到位。

(2) 制定的纠正措施是否具有针对性。

(3) 是否已实施了纠正/纠正措施。

(4) 纠正措施是否有效，能否保证类似问题不再发生。

(5) 整改见证材料是否充分。

3. 整改过程常见问题分析

整改过程最常见的问题有：被评审机构制定的纠正措施没有针对不符合产生的原因，或纠正措施落实不当，见证材料不充分。

【案例】 不符合事实：在耐漏电起痕和灼热丝试验现场不能提供指导检测的方法标准（GB/T 5169. 11 和 GB/T 4207）。

采取的整改措施：购置 GB/T 5169. 11 和 GB/T 4207 标准。

分析：如果现场确认的当时无标准，可以现场确认该参数不具备能力，不能推荐认可。此外，采取的纠正措施不完善，整改未考虑下列因素：

——购买标准后，相关人员是否具备正确使用标准的能力?

——设备、环境设施等是否满足标准要求?

——对原来出具的报告是否符合要求是否进行了分析? 是否需要追回?

——类似问题是否存在于其他参数?

【案例】 不符合事实：混凝土搅拌时没有条件保证试验室温度能够控制在标准规定

的 20±5℃范围内。

采取的整改措施：安装了空调机。

分析：整改不到位。整改未考虑下列因素：

——空调安装位置是否适宜?

——安装空调后能否保证室温达到标准要求?

——是否做过验证?

——对过去未安装空调时做过的检测检验是否有影响?

——检测检验报告是否需要追回?

【案例】 不符合事实：查编号为 20160523 的检测原始记录无环境温湿度记录。

采取的整改措施：补填了现场实验环境温湿度记录。

分析：不是有效整改。整改未考虑下列因素：

——检测记录中的环境条件应是在检测发生的当时予以记录，不能后补。

——是否核查了其他时间的检测记录，是否还有类似情况发生?

——该不符合项的发生是有规定未执行，还是没有文件规定?

【案例】 不符合事实：编号为 201601020 检测报告中“检测依据”栏没有填写具体方法标准，只填写“顾客提供要求”，没有客户的地址等信息。

采取的整改措施：原因分析中，觉得是内部客户，客户地址、检测方法都知道，经常做同类检验，方法熟悉，所以在编制报告时就省略或忽视填写此类信息。纠正措施：提高认识后，对检测报告格式进行了修订，同时抽查 2016 年 4—6 月检测报告 30 份，发现还有类似问题，一并进行了整改。

分析：整改不到位。整改未考虑下列因素：

——不仅是报告格式问题，填写也有问题。

——实验室对内部客户报告如何简化是否有规定?

——该不符合对已发出的报告是否有影响?

【案例】 不符合事实：查化学分析二室发现荧光分析室内桌面上干燥器内硅胶变红失效。

采取的整改措施：原因分析中，当班操作人员工作疏忽，没有认真查看所致；纠正措施：及时更换、烘烤，同时加强监督检查。

分析：原因分析不到位，纠正与纠正措施混淆。原因分析应涉及现在是怎么管理的，为什么会出现这种现象? 及时更换、烘烤只是纠正，为了防止以后再发生这种事情，采取了什么措施（如何加强监督检查），并对措施进行评估。

【案例】 不符合事实：在进行熔体体积流动速率测试时，试验人员对试验方法不熟悉，不会操作。

采取的整改措施：原因分析中，试验员长久未对该项试验进行操作，对试验方法有所生疏。纠正措施：通过外部培训，修改并制定作业指导书，对相关人员进行考核与实际操作，让员工学会熟练操作，做好人员培训年度计划。

分析：可以现场确认该参数不具备能力，不推荐认可。此外，该整改对原因分析不合理，是做过检测不会操作，还是没有做过，还是长久未做？提出的纠正措施也不完善，培训合格后再过较长时间不做试验怎么办？

【案例】 不符合事实：依据《人员培训与管理程序》中4.3.4条款，对2016年的培训工作没有做有效性评价。

采取的整改措施：原因分析中，对培训工作结果没有重视，人员培训与管理程序虽有规定步骤，但没有设计出支持性表格。纠正措施：要求质量负责人于8月25日前完成在程序中增加培训效果评价表，综合办主任按此表格对所有完成的培训重新进行评价。

分析：原因分析不到位，没有表格不是未对培训效果进行评价的主要原因。纠正措施不到位，负责评价人员是否知道应如何进行评价（文件是否规定了对不同的培训如何进行评价），综合办主任是否有能力对所有培训（包括技术培训）的效果进行评价？对培训有效性的评价应重效果，即培训后的能力，而不是取证就有效。

【案例】 不符合事实：未能提供在用的液体比重天平（编号1487）的检定证书。

采取的整改措施：原因分析中，该仪器刚从其他部门调拨来，刚启用，设备管理员疏忽未列入检定计划。纠正措施：将该仪器列入检定计划，进行检定，检定后进行确认，同时全面检查，举一反三，组织相关人员学习相关程序（每一步骤都附有相应见证材料）。

分析：整改相对较好，但应对检定前造成的影响进行核查。如果整改时只提供检定或校准证书，属于见证材料不充分。

【案例】 不符合事实：实验室对进入无菌特定区域的人员未进行有效控制。

采取的整改措施：增加“微生物实验区，非请莫入”的控制牌，提供的整改材料只有照片一张，照片中微生物实验区开着门，旁边加了牌子。

分析：提供的整改材料不能证明纠正措施有效。发生这种现象的原因是文件没有规定还是有规定未执行，还是控制措施不严格。

附录　安全生产检测检验机构资质认可评审报告格式

本附录以资质认可机关对安全生产检测检验机构进行资质认可过程中，需要专家评审时为例，给出了安全生产检测检验机构资质认可评审报告格式。安全生产检测检验技术服务行业组织、生产经营单位、安全认证机构、安全评价机构等需要进行能力确认的组织实施的现场评审、评定、审查和考核等活动，亦可参考使用。

评审报告格式：

1. 评审报告（JCJYPSBG：2018）
2. 评审报告附表1：推荐批准的业务范围（JCJYPSBG1：2018）
3. 评审报告附表2：推荐批准的授权签字人（JCJYPSBG2：2018）
4. 评审报告附表3：对被评审机构整改的验收意见（JCJYPSBG3：2018）
5. 评审报告附件1：现场试验记录表（JCJYPSBG/1：2018）
6. 评审报告附件2：授权签字人评审记录（JCJYPSBG/2：2018）
7. 评审报告附件3：现场评审核查表（JCJYPSBG/3：2018）
8. 评审报告附件4：不符合项/观察项记录表（JCJYPSBG/4：2018）
9. 评审报告附件5：评审工作日程表（JCJYPSBG/5：2018）
10. 评审报告附件6：评审专家公正性、保密与廉洁自律声明（JCJYPSBG/6：2018）
11. 评审报告附件7：评审会议签到表（JCJYPSBG/7：2018）
12. 评审报告附件8：被评审机构廉洁自律声明（JCJYPSBG/8：2018）

安全生产检测检验机构资质认可

评 审 报 告

任务编号：______________________________

被评审机构：____________________________

中华人民共和国应急管理部制

说　　明

1. 本评审报告用于记录安全生产检测检验机构资质认可现场评审活动及其对现场评审结果的评价，为资质认可机关的资质认可工作提供参考依据。

2. 安全生产检测检验机构资质评审是一种抽样检查活动，不可能覆盖被评审机构的全部活动，评审结果建立在所抽取的证据基础之上，因此，未被评审部分仍可能有不符合项存在。

3. 评审专家对评审过程中获得的有关被评审机构的所有信息负有保密责任，未经被评审机构同意不得向第三方泄露（有关法律要求除外）。

4. 本报告中带有□的条款为可选项，评审组成员将“□”变为“■”者为有效内容。

一、被评审机构概况

名称			
注册地址		邮政编码	
实验室地址		邮政编码	
网址			
电子信箱		传真	
联系人		职务	
固定电话		移动电话	
主持检测检验 工作负责人		职务	
固定电话		移动电话	
法定代表人		职务	
固定电话		移动电话	
统一社会信用 代码/注册号		主管单位（部门） 名称	

二、被评审机构基本信息

<table>
<tr><td>获得安全生产检测检验机构资质情况（若无，不填此项）：
初次获得资质证书日期：____年__月__日
最新资质证书有效期至：____年__月__日；证书编号：______________________
已获资质的行业（领域）：☐ 危险物品容器与运输工具 ☐ 煤矿 ☐ 金属非金属矿山
已获资质的业务范围：检测检验对象______项
已获资质的授权签字人：______名</td></tr>
<tr><td>设备设施特点：☐ 固定 ☐ 离开固定设施的现场 ☐ 临时 ☐ 可移动
固定资产：______万元 工作场所建筑面积：_______平方米
设备设施原值：______万元，其中，设备____台（套），设施____台（套）</td></tr>
<tr><td>检测检验管理体系内现有在编人员______名，现有专业技术人员______名，其中具有中级及以上注册安全工程师____名，占比____%；具有中级及以上技术职称____名，占比____%，高级技术职称____名，占比____%</td></tr>
<tr><td>检测检验能力考核：最近5年内参加检测检验能力考核项目共____项</td></tr>
</table>

三、评审简况

评审日期：____年__月__日至____年__月__日，共______人日
评审地点：________________________________
评审类型： □ 初次　□ 变更　□ 增项　□ 延续　□ 其他（请说明）________________
评审依据： □ AQ/T 8006—2018《安全生产检测检验机构能力的通用要求》 □ 管理手册编号：________________，实施日期：____年__月__日 □ 其他（请说明）：________________________
评审范围： ■ 本次评审涉及 AQ/T 8006—2018 的要素：□ 全部要素　□ 部分要素：□ 4.1 组织　□ 4.2 管理体系　□ 4.3 文件控制　□ 4.4 要求、标书和合同的评审　□ 4.5 分包　□ 4.6 服务和供应品的采购　□ 4.7 服务客户　□ 4.8 投诉　□ 4.9 不符合工作的控制　□ 4.10 改进　□ 4.11 纠正措施　□ 4.12 预防措施　□ 4.13 记录的控制　□ 4.14 内部审核　□ 4.15 管理评审　□ 5.1 总则　□ 5.2 人员　□ 5.3 设施和环境条件　□ 5.4 方法及方法的确认　□ 5.5 设备　□ 5.6 测量溯源性　□ 5.7 抽样　□ 5.8 物品的处置　□ 5.9 结果质量的保证　□ 5.10 结果报告 ■ 本次评审的行业（领域）：□危险物品容器与运输工具　□煤矿　□金属非金属矿山 ■ 本次评审的业务范围：检测检验对象______项 ■ 本次评审的授权签字人：共____名

四、评审情况及主要结果

1. 管理体系文件和运行符合性的评审结果：________________________ 2. 技术能力确认情况简述： ①人员：________________________

②设施环境：________________________________

____

③依据标准（方法）：________________________________

____

____

④重要设备：________________________________

____

____

⑤测量溯源性：________________________________

____

⑥参加检测检验能力考核活动情况：________________________________

____

____

⑦检测检验能力核查方式说明：________________________________

____

____

____

⑧确认业务范围的总体情况：________________________________

____

____

____

⑨确认授权签字人的总体情况：________________________________

____

3. 不符合项/观察项情况：通过现场评审，共发现______个不符合项，____个观察项

五、评审报告附表

附表 1：推荐批准的业务范围	共　　页
附表 2：推荐批准的授权签字人	共　　页
附表 3：对被评审机构整改的验收意见	共　　页

六、评审报告附件

附件	数量	
附件 1：现场试验记录表	共	页
附件 2：授权签字人评审记录	共	份
附件 3：现场评审核查表	共	份
附件 4：不符合项/观察项记录表	共	份
附件 5：评审工作日程表	共	页
附件 6：评审专家公正性、保密与廉洁自律声明	共	页
附件 7：评审会议签到表	共	页
附件 8：被评审机构廉洁自律声明	共	页

七、评审结论

评审组推荐意见：

☐ 鉴于以上结果，评审组认为被评审机构的管理能力和技术能力符合资质管理规定，评审组向资质认可机关推荐认可

☐ 鉴于以上结果，评审组认为被评审机构的管理能力和技术能力不符合资质管理规定，本次评审为“不符合”

☐ 鉴于以上结果，评审组认为被评审机构的管理能力和技术能力基本符合资质管理规定，评审组建议被评审机构分析不符合项原因，提出纠正措施，并在一个月内将落实情况报评审组组长，跟踪验证合格后，向资质认可机关推荐认可。跟踪验证拟采用的方式是：

☐ 提供必要的文件和见证材料

☐ 现场跟踪验证

八、确认签名

评审组组长签名：

评审组组长（签名）：________　　日期：____年__月__日

被评审机构确认意见：

☐ 确认

☐ 不确认，原因：________________

被评审机构主要负责人（签名）：________　　日期：____年__月__日

资质认可机关确认意见：

□ 确认

□ 不确认，原因：________________________________

资质认可机关代表（签名）：______________　　日期：____年__月__日

九、附加说明

附表 1 任务编号：__________

推荐批准的业务范围

场所______________________________

地址______________________________

序号	检测检验对象	项目/参数		依据标准编号及名称	限制范围	说明
		序号	名称			

评审专家（签名）：______________________ 日期：___年__月__日

附表 2　　任务编号：__________

推荐批准的授权签字人

场所______________________

地址______________________

序号	授权签字人姓名	授权签字领域	备注

评审专家（签名）：______________________　　日期：____年__月__日

附表 3　　任务编号：＿＿＿＿＿＿

对被评审机构整改的验收意见

<table>
<tr><td>被评审机构名称</td><td colspan="3"></td></tr>
<tr><td>评审日期</td><td colspan="3"></td></tr>
<tr><td>要求整改项数</td><td></td><td>整改完成时间</td><td></td></tr>
<tr><td colspan="4">验收意见（应包括按不符合项逐条进行验收的内容）：</td></tr>
</table>

评审组组长（签名）：＿＿＿＿＿＿＿＿＿＿＿＿＿＿＿＿　　日期：＿＿年＿月＿日

附件 1

任务编号：____________

现场试验记录表

场所________________________________

地址________________________________

序号	检测检验对象	项目/参数		标准方法条款号	依据标准编号及名称	试验设备	试验人员	试验要求	试验观察结论（Y/N）	备注
		序号	名称							

评审专家（签名）：________________________________ 日期：____年__月__日

附件 2

任务编号：__________

授权签字人评审记录

场所__________________

地址__________________

申请人情况		
姓　　名：__________	性　　别：__________	出生年月：______年___月___日
学　　历：__________	技术职称：__________	岗　　位：__________
申请授权签字领域：______________________________		
考核方式：　□ 面试　　　□ 非面试		
具有相关专业高级技术职称	是□	否□
具有 5 年以上与其授权签字能力范围相关的检测检验经历	是□	否□
具有并熟悉相应的职责和权利，能对检测检验结果的完整性和准确性负责	是□	否□
与检测检验技术接触紧密，掌握有关的检测检验项目限制范围	是□	否□
熟悉有关检测检验标准、方法及规程	是□	否□
有能力对相关检测检验结果进行评定，了解测量结果的不确定度	是□	否□
熟悉记录、报告及其核查程序	是□	否□
熟悉法律、法规和规章等涉及检测检验的相关规定	是□	否□
需要说明的问题：		
推荐意见： □ 推荐为批准的授权签字人　　□ 不推荐 □ 推荐授权签字领域：______________________________		

评审专家（签名）：______________________　　日期：____年__月__日

附件 3 任务编号：__________

现场评审核查表

场所__________________

地址__________________

条款	核查内容	评审结果	评审说明
4 管理要求			
4.1 组织			
4.1.1	安全生产检测检验机构（以下简称检测检验机构）应具有独立法人资格，能独立、客观、公正地从事安全生产检测检验（以下简称检测检验）活动，并对其检测检验数据和结果负责。		
4.1.2	检测检验机构应确保所从事检测检验活动符合本标准的要求，并能满足安全监管监察部门、安全评价机构、认证机构和生产经营单位等客户的需求。		
4.1.3	检测检验机构应有与所从事检测检验活动相适应的固定工作场所，具备正确进行检测检验所需要的并且能独立调配使用的固定、临时或可移动的检测检验设备、设施，具备检测检验对象安全性能项目/参数的检测检验能力，并有文件描述其有能力实施的检测检验活动。		
4.1.4	检测检验机构应有确定的检测检验管理体系（以下简称管理体系），并应覆盖其在固定设施内、离开其固定设施的场所、多个地点的场所，或在相关的临时或移动设施中进行的工作。		
4.1.5	如果检测检验机构还从事检测检验以外的活动，应识别潜在的利益冲突，并规定参与检测检验活动人员或对检测检验活动有影响的关键人员的职责。		
4.1.6	检测检验机构及其人员从事检测检验活动，应遵守国家相关法律、法规、规章和标准规范的规定，遵循科学公正、独立客观、安全准确、诚实守信原则，恪守职业道德，承担社会责任。检测检验机构应满足下列要求： a）有与其从事检测检验活动相适应的安全生产检测检验人员（以下简称检测检验人员）和安全生产检测检验专业技术人员（以下简称技术人员），他们应具有所需的权力和资源履行实施、保持和改进管理体系的职责，识别对管理体系或检测检验程序的偏离，以及采取措施预防或减少偏离；		

续表

条款	核查内容	评审结果	评审说明
4.1.6	b）有措施或制度确保其管理体系内管理层和员工不受任何来自内外部不正当的商业、财务和其他对工作质量有不良影响的压力和影响，并防止商业贿赂； c）有保护客户机密信息和所有权的程序，包括保护电子存储和传输结果的要求，确保其不泄露在检测检验活动中所知悉的国家秘密、商业秘密和技术秘密； d）有最高管理者公正性的承诺，保证管理体系内管理层和员工独立于其出具的检测检验数据和结果所涉及的利益相关各方，不受任何可能干扰其技术判断因素的影响，确保检测检验数据和结果的真实、客观、准确，有程序确保检测检验机构持续不断地识别其公正性的风险，并在识别出公正性的某类风险时，能够消除或将此类风险降至最低，避免卷入降低其能力、公正性、判断力或运作诚信等方面的可信度的活动（如从事与检测检验活动有关的产品设计、研制、生产、销售、安装、使用、维修等）； e）有确定的文件化的组织和管理结构以及明确的技术管理、质量管理和行政管理之间的关系，确保其保持开展检测检验业务所需的能力、保障检测检验活动的公正性； f）规定对检测检验质量有影响的所有管理、操作和核查人员的职责、权力和相互关系； g）有高层管理者及各部门主管的任命文件； h）有熟悉检测检验方法、程序、目的和结果评价的监督人员，经授权，对检测检验人员包括在培员工、检测检验的关键环节进行充分监督； i）在高层管理者中指定一名技术负责人，全面负责技术运作和提供确保检测检验机构运作质量所需的资源，必要时可在不同领域设置技术主管； j）在高层管理者中指定一名质量负责人，赋予其能保证管理体系有效运行的责任和权力，并能与决定政策或资源的最高管理者直接接触和沟通； k）指定最高管理者、技术负责人、质量负责人等关键管理人员的代理人，并在管理手册中予以规定，保证检测检验活动持续进行； l）有措施或制度确保检测检验人员理解他们活动的相关性和重要性，以及如何为实现管理体系目标做出贡献；		

续表

条款	核查内容	评审结果	评审说明
4.1.6	m）有程序确保新开展的安全生产检测检验工作符合本标准的要求； n）有措施或制度确保安全生产检测检验活动中人员、仪器设备、设施及被检对象等的安全； o）有措施或制度确保按计划保质保量完成安全监管监察部门委托的检测检验任务； p）有措施或制度确保检测检验收费标准公开、透明； q）有措施或制度确保依照法律、法规、规章和执业准则等进行技术服务，并公开诚信承诺； r）有措施或制度确保杜绝出具虚假报告、租借资质（适用时）、违法挂靠、转包、冒用他人签名或代签、应到而不到现场开展检测检验、假借或冒用他人名义要求客户接受有偿服务。		
4.1.7	最高管理者应确保在检测检验机构内部建立适宜的沟通机制，并确保与管理体系有效性的事宜得到沟通。		
4.1.8	检测检验机构应识别检测检验活动的风险和机遇，配备适宜的资源，并实施相应的质量控制。		
4.2 管理体系			
4.2.1	检测检验机构应建立、实施和保持与其检测检验活动范围相适应的管理体系，应将其政策、制度、计划、程序和指导书制订成文件，文件化的程度应保证检测检验结果的质量。管理体系文件应传达至有关人员，并被其获取、理解和执行。		
4.2.2	管理体系中与质量有关的政策，包括质量方针声明，应在管理手册中阐明。应制定质量目标并在管理评审时加以评审。质量方针声明应经最高管理者授权发布，至少包括下列内容： a）对良好职业行为和为客户提供检测检验服务质量的承诺； b）关于服务标准的声明； c）管理体系的目的；		

续表

条款	核查内容	评审结果	评审说明
4.2.2	d）要求所有与检测检验活动有关的人员熟悉管理体系文件，并在工作中执行政策和程序； e）对遵守本标准及持续改进管理体系的承诺。		
4.2.3	最高管理者应提供建立和实施管理体系以及持续改进其有效性承诺的证据。		
4.2.4	最高管理者应将满足安全监管监察部门、安全评价机构、认证机构和生产经营单位等客户要求和法定要求的重要性传达到管理体系内的全体员工。		
4.2.5	管理手册应包括或指明含技术程序在内的支持性程序，并概述管理体系中所用文件的架构。		
4.2.6	管理手册中应规定技术负责人和质量负责人的作用和责任，包括确保遵守本标准的责任。		
4.2.7	当策划和实施管理体系的变更时，最高管理者应确保管理体系的完整性，使本标准要求得到满足的所有相关文件、过程、体系、记录等均被纳入、引用或链接至管理体系文件。		
4.3　文件控制			
4.3.1	总则 检测检验机构应建立并保持文件获取、识别、编制、审核、批准、标识、发放、保管、修订和废止等的控制程序，以控制构成其管理体系的所有文件（内部制定或来自外部的），诸如法律、法规、规章、标准、规范性文件、检测检验方法，以及通知、计划、图表、图纸、软件、规范、指导书和手册。这些文件可承载在各种载体上，可以是数字存储设施如光盘、硬盘等，或是模拟设备如磁带、录像带或磁带机，还可以采用缩微胶片、纸张、相纸等。		
4.3.2	文件的批准和发布		
4.3.2.1	所有管理体系文件在发布之前应由授权人员审查并批准。应建立识别管理体系中文件当前的修订状态和分发的控制清单或等效的文件控制程序，并使之易于查阅，以防止使用无效和（或）作废的文件。		

续表

条款	核查内容	评审结果	评审说明
4.3.2.2	文件控制程序应确保： a）在对检测检验机构有效运作起重要作用的所有工作场所都能得到相应文件的授权版本； b）定期审查文件，包括法律、法规、规章和标准规范，必要时进行修订或更新，以确保其现行有效和持续适用并满足使用要求； c）及时地从所有使用或发布处撤除无效或作废文件，或用其他方法保证防止误用； d）出于法律或知识保存目的而保留的作废文件，应有适当的标记。		
4.3.2.3	检测检验机构制定的管理体系文件应有唯一性标识。该标识应包括发布日期和（或）修订标识、页码、总页数或表示文件结束的标记和发布机构。		
4.3.3	文件变更		
4.3.3.1	除非另有特别指定，文件的变更应由原审查责任人进行审查和批准。被特别指定的人员应获得进行审查和批准所依据的有关背景资料。		
4.3.3.2	更改的或新的内容应在文件或适当的附件中标明。		
4.3.3.3	如果检测检验机构的文件控制系统允许在文件再版之前对文件进行手写修改，则应确定修改的程序和权限。修改之处应有清晰的标注、签名并注明日期。修订的文件应尽快地正式发布。		
4.3.3.4	应制定程序来描述如何更改和控制保存在计算机系统中的文件。		
4.4　要求、标书和合同的评审			
4.4.1	检测检验机构应依法与客户签订检测检验合同，明确检测检验对象、范围、完成时限，以及双方权利、义务和责任，特别要明确客户对所提供资料和检测检验对象的真实性负责。在进行第三方检测检验时，检测检验机构在技术服务合同之外与客户或检测检验对象存在行政、商业、财务等利害关系的，应当回避。检测检验机构应建立和保持对客户要求、标书和合同的评审程序。这些为签订检测检验合同而进行评审的政策和程序应确保：		

续表

条款	核查内容	评审结果	评审说明
4.4.1	a）对包括所用检测检验方法在内的要求予以充分规定，形成文件，并易于理解； b）检测检验机构有能力和资源满足这些要求； c）选择适当的、能满足客户要求的检测检验方法。 客户的要求或标书与合同之间的任何差异，应在工作开始之前得到解决。每项合同应得到检测检验机构和客户双方的接受。		
4.4.2	应保存包括任何重大变化在内的评审记录。在执行合同期间，就客户的要求或工作结果与客户进行讨论的有关记录，也应予以保存。 对简单任务的评审，由检测检验机构中负责合同工作的人员注明日期并加以标识（如签名）即可。对于重复性的例行工作，如果客户要求不变，仅需在初期调查阶段，或在与客户的总协议下对持续进行的例行工作合同批准时进行评审。对于新的、复杂的检测检验任务，则应当保存更为全面的记录。		
4.4.3	评审的内容应包括被检测检验机构分包出去的任何工作。		
4.4.4	对合同的任何偏离均应书面通知客户，得到客户书面认可，并保存记录。		
4.4.5	工作开始后如果需要修改合同，应重复进行同样的合同评审过程，并将所有修改内容通知所有受到影响的人员。		
4.5 分包			
4.5.1	检测检验机构承担型式检验或检测检验机构能力范围内的关键人员、设备、设施和环境条件等发生临时变化需分包检测检验对象中的项目/参数时，应分包给符合本标准相关要求、有能力完成分包项目/参数的机构。安全性能项目/参数不准许分包，不能因工作量大而分包。		
4.5.2	检测检验机构应将分包安排以书面形式通知客户，并得到客户的书面同意。		
4.5.3	检测检验机构应就其分包方的工作和分包结果对客户负责。		
4.5.4	检测检验机构应保存对分包方能力及其有关工作符合本标准及相关标准的详细调查和证明记录以及所有分包方的登记表。		

续表

条款	核查内容	评审结果	评审说明
4.6 服务和供应品的采购			
4.6.1	检测检验机构应有选择和购买对检测检验质量有影响的服务和供应品的程序，明确服务、供应品、试剂、消耗材料的购买、接收和存储的要求。		
4.6.2	检测检验机构应确保所使用的服务和供应品符合规定的要求。所购买的、影响检测检验质量的供应品、试剂和消耗材料，只有在经过检验或以其他方式验证符合有关检测检验方法中规定的标准规范或要求之后才投入使用，并应保存所采取的符合性检查活动的记录。		
4.6.3	影响检测检验质量的物品的采购文件，应包含描述所购供应品的信息。这些采购文件在发出之前，其技术内容应经过审查和批准。		
4.6.4	检测检验机构应对影响检测检验质量的重要消耗品、供应品和服务（如量值溯源）的供应商进行评价，并保存这些评价的记录和获批准的供应商名单。		
4.7 服务客户			
4.7.1	在确保为其他客户保密的前提下，检测检验机构在明确客户要求和允许客户监视其相关工作表现方面应积极与客户或其代表合作。这种合作可包括： a）允许客户或其代表合理进入检测检验机构的相关区域直接观察为其进行的检测检验； b）客户出于验证目的所需的检测检验物品的准备、包装和发送。 检测检验机构在整个工作过程中，应当与客户保持沟通，应当将检测检验过程中的任何延误或主要偏离书面通知客户，并保存记录。		
4.7.2	检测检验机构应向客户征求反馈，无论是正面的还是负面的。应分析和利用这些反馈，以改进管理体系、检测检验活动及客户服务。反馈类型可包括客户满意度调查、与客户一起评价检测检验报告等。		
4.7.3	检测检验机构发现在用被检设施、设备、材料以及作业场所等存在事故隐患时，应立即告知客户。		

续表

条款	核查内容	评审结果	评审说明
4.7.4	检测检验机构间应进行沟通与交流，参与标准化活动，以改进检测检验活动及客户服务。		
4.8 投诉			
4.8.1	检测检验机构应有政策和程序接受、评价和处理来自客户或其他方面的投诉。应保存所有投诉的记录以及检测检验机构针对投诉所开展的调查和纠正措施的记录。		
4.8.2	在有要求时，任何相关方应可获得对处理投诉的过程的描述。		
4.8.3	接到投诉，检测检验机构应确认投诉是否与其负责的检测检验活动相关，如果相关，则应处理。		
4.8.4	检测检验机构应对在投诉处理过程中各个层次的所有决定负责。		
4.8.5	投诉的调查和决定不应导致任何歧视性行为。		
4.8.6	处理投诉的过程应至少包括以下内容： a）对投诉的接收、确认、调查以及决定采取何种应对措施的过程描述； b）跟踪并记录投诉，包括解决投诉所采取的措施； c）确保采取适宜的措施。		
4.8.7	接收投诉的检测检验机构应负责收集并验证所有必要的信息，以便确认该投诉是否有效。		
4.8.8	只要可能，检测检验机构应告知投诉人已收到投诉，并向其提供有关处理进程的报告和处理结果。		
4.8.9	对送达投诉人的决定及对决定的审查和批准，应由与投诉所涉及的检测检验活动无关的人员进行。		
4.8.10	只要可能，检测检验机构应将投诉处理过程的结果正式通知给投诉人。		
4.9 不符合工作的控制			
4.9.1	在检测检验工作的任何方面，或该工作的结果不符合其程序或不符合与客户达成一致的要求时，检测检验机构应实施既定的政策和程序。该政策和程序应确保：		

续表

条款	核查内容	评审结果	评审说明
4.9.1	a）确定对不符合工作进行管理的责任和权力，规定当识别出不符合工作时所采取的措施（包括必要时暂停工作、扣发检测检验报告）； b）对不符合工作的严重性进行评价； c）立即进行纠正，同时对不符合工作的可接受性做出决定； d）必要时，通知客户、取消工作； e）规定批准恢复不符合工作的职责； f）保留完整记录。 对管理体系或检测检验活动的不符合工作或问题的识别，可能发生在管理体系和技术运作的各个环节，例如客户投诉、质量控制、设备检定/校准、消耗材料的核查、对员工的考查或监督、检测检验报告的核查、管理评审和内部或外部审核。		
4.9.2	当评价表明不符合工作可能再度发生，或对检测检验机构的运作与其政策和程序的符合性产生怀疑时，应立即执行 4.11 中规定的纠正措施程序。		
4.10 改进			
4.10	检测检验机构应通过利用质量方针、质量目标、审核结果、数据分析、纠正措施、预防措施和管理评审来持续改进管理体系的有效性。		
4.11 纠正措施			
4.11.1	总则 检测检验机构应制定纠正措施的程序，并规定相应的权力，以便在识别出不符合工作和在管理体系或技术运作中出现对政策和程序偏离时，实施纠正措施。该程序应规定以下要求： a）识别不符合； b）确定不符合的原因； c）纠正不符合； d）评价采取措施的需求，以确保不符合不再发生； e）确定并及时实施所需措施； f）记录所采取措施的结果； g）评审纠正措施的有效性。 检测检验机构管理体系或技术运作中的问题可以通过不符合工作的控制、内部或外部审核、管理评审、客户的反馈或员工的观察等各种活动来识别。		

续表

条款	核查内容	评审结果	评审说明
4.11.2	原因分析 纠正措施程序应从确定问题根本原因的调查开始。确定问题根本原因应仔细分析产生问题的所有潜在原因，潜在原因可包括：客户要求、样品、样品规格、方法和程序、员工的技能和培训、消耗品、设施环境、设备及其检定/校准等。		
4.11.3	纠正措施的选择和实施 需要采取纠正措施时，检测检验机构应对可能采取的各项纠正措施进行识别，并选择和实施最可能消除问题和防止问题再次发生的措施。 纠正措施应与问题的严重程度和风险大小相适应。 检测检验机构应将由纠正措施而提出的任何变更制定成文件并加以实施。		
4.11.4	纠正措施的监控 检测检验机构应对纠正措施的结果进行监控，以确保所采取的纠正措施有效。		
4.11.5	附加审核 当对不符合或偏离的识别导致对检测检验机构符合其政策和程序或符合本标准产生怀疑时，检测检验机构应尽快依据4.14的规定对相关活动区域进行内部审核。		
4.12　预防措施			
4.12.1	检测检验机构应制定预防措施的程序，以识别管理体系方面所需的改进和潜在不符合的原因，并在识别出改进机会或需采取预防措施时，制订措施计划并加以实施和监控，减少这类不符合情况发生的可能性并改进。预防措施程序应规定以下要求： a）识别潜在的不符合及其原因； b）评价防止不符合发生的措施需求； c）确定所需的措施，除对运作程序进行评审之外，预防措施还可能涉及数据分析，包括趋势和风险分析以及能力验证结果； d）措施的启动、实施和控制，以确保其有效性； e）记录所采取措施的结果； f）评审采取的预防措施的有效性。		

续表

条款	核查内容	评审结果	评审说明
4.12.2	预防措施应与潜在问题的影响程度和风险大小相适应。		
4.13 记录的控制			
4.13.1	总则		
4.13.1.1	检测检验机构应建立和保持适合自身具体情况的编制、填写、更改、识别、收集、检索、存取、存档、存放、维护和清理质量记录和技术记录的程序。质量记录应包括内部审核报告、管理评审报告、纠正措施和预防措施的记录等。		
4.13.1.2	所有记录应清晰明了，并以便于存取的方式存放和保存在具有防止损坏、变质、丢失的适宜环境的设施中。应规定记录的保存期限。		
4.13.1.3	所有记录应予安全保护和保密。		
4.13.1.4	检测检验机构应有程序保护和备份以电子形式存储的记录，并防止未经授权的侵入或修改。		
4.13.2	技术记录		
4.13.2.1	检测检验机构应保持一个技术记录体系，以表明有效执行检测检验程序，且能够对检测检验活动进行评价。检测检验机构应将原始观察（包括影像）、导出数据和建立审核路径的充分信息的记录、员工记录以及发出的每份检测检验报告的副本按规定的时间保存。记录的保存期限应与安全责任追溯时限的需求或客户的要求相适应，但不少于6年。每项检测检验的记录应包含充分的信息，以便在需要时识别不确定度的影响因素，并确保该检测检验活动在尽可能接近原条件的情况下能够复现。记录应包括负责抽样的人员和供样人、每项检测检验的操作人员和结果校核人员的签名或等效标识。		
4.13.2.2	观察结果、数据和计算应在产生的当时予以记录，以防止丢失有关信息，并能按照特定任务分类识别。		
4.13.2.3	当记录中出现错误时，每一错误应划改，不可擦涂掉，以免字迹模糊或消失，并将正确值填写在其旁边。对记录的所有改动应有改动人的签名或等效标识。对电子存储的记录也应采取同等措施，以避免原始数据的丢失或改动。		

续表

条款	核查内容	评审结果	评审说明
4.14　内部审核			
4.14.1	检测检验机构应建立和保持管理体系内部审核的程序，以验证其运作是否持续符合管理体系文件和本标准的要求，并识别所有改进的机会。内部审核计划应涉及管理体系的全部要素，包括所有检测检验活动。质量负责人负责按照日程的要求和管理层的需要策划和组织内部审核，策划时应考虑拟审核的过程和区域的重要性及以往审核的结果。审核应由经过培训、具备能力并获得授权的人员来执行，审核人员应独立于被审核的活动。内部审核的周期不超过一年。		
4.14.2	当审核中发现的问题导致对运作的有效性，或对检测检验结果的正确性或有效性产生怀疑时，检测检验机构应及时采取纠正措施。如果调查表明检测检验机构的结果可能已受影响，应书面通知客户。		
4.14.3	审核活动的区域、审核发现的情况和因此采取的纠正措施，应予以记录。审核结果应形成文件，并告知被审核区域的负责人。		
4.14.4	跟踪审核活动应验证和记录纠正措施的实施情况及有效性。		
4.15　管理评审			
4.15.1	最高管理者应根据预定的日程和程序，定期对管理体系和检测检验活动进行评审，以确保其持续适用和有效，并进行必要的变更或改进。管理评审的周期通常为12个月。内部审核发现的不符合对管理体系的有效性和适宜性产生怀疑时，应及时进行附加管理评审。评审应考虑到： a）近期内部审核和外部审核的结果； b）投诉、客户和相关方反馈； c）纠正措施和预防措施； d）以往管理评审的跟踪措施； e）目标的完成情况； f）可能影响管理体系的变更； g）质量控制的结果； h）管理和监督人员的报告；		

续表

条款	核查内容	评审结果	评审说明
4. 15. 1	i）改进的建议； j）政策和程序的适用性； k）工作量和工作类型的变化； l）资源以及员工培训； m）日常管理会议中有关议题的研究； n）应对风险和机遇所采取措施的有效性； o）其他相关因素。		
4. 15. 2	管理评审的输出应输入检测检验机构的策划系统，包括（但不限于）以下相关决定和措施： a）下年度的目标和活动计划； b）管理体系有效性及其过程有效性的改进； c）满足相关标准的改进； d）资源需求。		
4. 15. 3	应记录管理评审中的发现和由此采取的措施。管理者应确保这些措施在适当和约定的时限内得到实施。		
5 技术要求			
5.1 总则			
5. 1. 1	决定检测检验机构检测检验的正确性和可靠性的因素主要包括： a）人员； b）设施和环境条件； c）方法及方法的确认； d）设备； e）测量溯源性； f）抽样； g）物品的处置。		
5. 1. 2	上述因素对总的测量不确定度的影响程度，在各类检测检验之间明显不同。检测检验机构在制定检测检验的方法和程序、培训和考核人员、选择和检定/校准所用设备时，应考虑到这些因素。		

续表

条款	核查内容	评审结果	评审说明
5.2　人员			
5.2.1	检测检验机构应建立和保持人员管理程序，确保人员的录用、培训、管理等规范进行。应确保所有从事抽样、检测检验、评价结果、签发检测检验报告、提出意见和解释、质量监督、内部审核以及操作设备等工作人员的能力，依据相应的教育、培训、技能和经验进行能力确认并持证上岗，每个项目/参数的检测检验人员不得少于2人。从事国家规定的特定检测检验的人员应具有符合相关法律、法规、规章和标准规范所规定的能力或资格。		
5.2.2	主持检测检验工作的负责人、技术负责人、质量负责人应具有与所从事业务相适应的高级技术职称，应有8年以上与安全生产相关的检测检验工作经历。		
5.2.3	授权签字人应具备以下条件： a）具有相关专业高级技术职称； b）具有5年以上与其授权签字能力范围相关的检测检验经历； c）具有并熟悉相应的职责和权利，能对检测检验结果的完整性和准确性负责； d）与检测检验技术接触紧密，掌握有关的检测检验项目限制范围； e）熟悉有关检测检验标准、方法及规程； f）有能力对相关检测检验结果进行评定，了解测量结果的不确定度； g）熟悉记录、报告及其核查程序； h）熟悉法律、法规和规章等涉及检测检验的相关规定。		
5.2.4	对检测检验报告提出意见和解释负责的人员，除了具备相应的资格、培训、经验以及所进行的检测检验方面的充分知识外，还需具有： a）制造被检设备、产品、材料等所用的相关技术知识、已使用或拟使用方法的知识、在使用过程中可能出现的缺陷或降级等方面的知识； b）法规和标准中阐明的通用要求的知识； c）对相关设备、产品和材料等非正常使用时所产生影响程度的了解。		

续表

条款	核查内容	评审结果	评审说明
5.2.5	检测检验人员应当熟悉安全生产法律、法规、规章、标准和有关规定，具备检测检验工作所需要的专业知识和能力，经过专业培训和考核合格，方可从事检测检验工作，且只在一个检测检验机构中从事检测检验工作。检测检验机构应制定包括安全教育在内的检测检验人员的教育、培训和技能目标，培训需求应考虑相关人员的能力、资格、经验、监督结果等。培训计划应与检测检验机构当前和预期的任务相适应，并评价这些培训活动的有效性。形成文件的培训程序应分成以下阶段： a）上岗培训阶段； b）在资深检测检验人员指导下的实习工作阶段； c）与检测检验技术和方法发展同步的持续培训阶段。		
5.2.6	检测检验机构应依法与检测检验人员建立劳动关系。在使用其他聘用的技术人员及关键支持人员时，检测检验机构应确保这些人员胜任工作且受到监督，并按照管理体系文件要求工作。		
5.2.7	检测检验机构应保留与检测检验有关的管理人员、技术人员和关键支持人员的岗位描述。岗位描述至少应规定以下内容： a）所需的专业知识和经验； b）资格和培训经历； c）从事检测检验工作的职责； d）检测检验策划和结果评价的职责； e）提出意见和解释的职责； f）方法改进、新方法制定和确认的职责； g）管理职责。		
5.2.8	检测检验机构应授权监督员，采取现场观察、报告复核、面谈、模拟检测检验以及其他评价被监督人员表现的方法，监督所有检测检验人员，以确保检测检验活动符合要求。监督结果应作为识别培训需求的一种方式。		
5.2.9	检测检验机构应保留所有人员的相关授权、能力、教育、资格、培训、技能、经验和监督的记录，并包含授权、能力确认的日期。这些信息应易于获取。		

续表

条款	核查内容	评审结果	评审说明
5.2.10	检测检验机构不应以影响检测检验结果的方式向检测检验人员支付薪酬，检测检验人员应行为公正。		
5.3 设施和环境条件			
5.3.1	用于检测检验的设施，包括（但不限于）能源、照明等，应有利于检测检验的正确实施且满足相关标准规范的要求。 检测检验机构应确保其环境条件不会使检测检验结果无效，或不会对所要求的检测检验质量产生不良影响。在检测检验机构固定设施以外的场所进行抽样、检测检验时，应予以特别注意。对影响检测检验结果的设施和环境条件的技术要求应制定成文件。		
5.3.2	相关标准规范、方法和程序有要求，或对结果的质量有影响时，检测检验机构应监测、控制和记录环境条件。对诸如生物消毒、灰尘、电磁干扰、辐射、湿度、供电、温度、声级和振级等应予以重视，使其适应于相关的技术活动要求。当环境条件危及到检测检验的结果时，应停止检测检验活动。		
5.3.3	应将不相容活动的相邻区域进行有效隔离，采取措施以防止干扰或交叉污染。 应对影响检测检验质量的区域、涉及安全的区域的进入和使用加以控制，并根据其特定情况确定控制的程度并正确标识。 应采取措施确保检测检验机构的良好内务，必要时应制定专门的程序。		
5.3.4	应建立并保持安全作业的管理程序，确保危险化学品、有毒化学品、有害生物、电离辐射、高温、高电压、坠落、机械伤害以及水、气、火、电等危及安全的因素和环境得以有效控制，并有相应的应急处理措施，如配置停电、停水、防火、防毒等应急的安全设施，进行现场检测检验时尤其应该注意。		
5.3.5	应建立并保持环境保护程序，具备相应的设施设备，确保检测检验活动所产生的废气、废液、粉尘、噪声、固体废物等的处理符合环境和健康的要求，并有相应的应急处理措施。		

续表

条款	核查内容	评审结果	评审说明
5.4　方法及方法的确认			
5.4.1	总则 检测检验机构应使用合适的方法和程序进行所有检测检验，包括检测检验对象的抽样、处理、运输、存储和准备，适当时，还应包括测量不确定度的评定、分析检测检验数据的统计技术。 如果缺少指导书可能影响检测检验结果，检测检验机构应具有所有相关设备的使用和操作指导书和（或）处置、准备检测检验物品的指导书。如果标准规范已包含了如何进行检测检验的充分信息，并且这些标准规范是以可以被检测检验机构操作人员使用的方式书写时，则不需再进行补充或改写为内部作业文件。对方法中的可选择步骤，可能有必要制定附加细则或补充文件。所有与检测检验机构工作有关的指导书、标准规范、手册和参考资料应保持现行有效并易于员工取阅。 如确需方法偏离，应有文件规定，经技术判断和批准，并征得客户同意。		
5.4.2	方法的选择 检测检验机构应采用满足客户需求并适用于所进行的检测检验的方法，包括抽样的方法。应优先使用与安全生产相关的国家标准、行业标准、团体标准、地方标准规定的方法。检测检验机构应确保使用标准的有效版本，除非该版本不适宜或不可能使用。必要时，应采用附加细则对标准加以说明，以确保应用的一致性。 当客户未指定所用方法时，检测检验机构应从与安全生产相关的国家标准、行业标准、团体标准、地方标准规定的方法中选择合适的方法。检测检验机构自制的方法如能满足预期用途并经过确认，也可使用。所选用的方法应通知客户。检测检验机构在初次使用标准方法之前，应证实其能正确地运用这些标准方法。如果标准方法发生了变化，应重新进行证实。 当客户指定的方法是企业的方法时，检测检验机构应转换为自制的方法。 当认为客户建议的方法不适合或已过期时，检测检验机构应通知客户。 国际标准或区域标准发布的方法、非标准方法，仅限在特定客户的检测检验中使用。		

续表

条款	核查内容	评审结果	评审说明
5.4.3	非标准方法 当不得不使用标准方法中未包含的非标准方法时，应事先征得客户同意，并告知客户相关方法可能存在的风险。非标准方法包含检测检验机构自制的方法、超出其预定范围使用的标准方法、扩充和修改过的标准方法等。应制定非标准方法的程序，程序中至少应包含下列信息： a）适当的标识； b）范围； c）检测检验对象类型的描述； d）被测定的参数或量和范围； e）设备，包括技术性能要求； f）所需的参考标准和标准物质； g）要求的环境条件和所需的稳定周期； h）程序的描述，包括： ——物品的附加识别标志、处置、运输、存储和准备； ——工作开始前所进行的检查； ——检查设备工作是否正常，需要时，在每次使用之前对设备进行校准和调整； ——观察和结果的记录方法； ——需遵循的安全措施； i）接受（或拒绝）的准则、要求； j）需记录的数据以及分析和表达的方法； k）不确定度或评定不确定度的程序。		
5.4.4	检测检验机构自制的方法 需要时，检测检验机构应指定具有足够资源的有能力的人员按计划自行制定检测检验方法，以满足其应用。 计划应随检测检验方法制定的进度加以更新，并确保所有有关人员之间的有效沟通。		

续表

条款	核查内容	评审结果	评审说明
5.4.5	非标准方法的确认		
5.4.5.1	检测检验机构应对非标准方法进行确认，以证实该方法适用于预期的用途。确认应尽可能全面地通过检查并提供客观证据，判定方法是否满足预定用途或应用领域的需要。检测检验机构应记录所获得的结果、使用的确认程序以及该方法是否适合预期用途的结论。 确认可包括对抽样、处置和运输程序的确认。 用于确定某方法性能的技术应当是下列之一，或是其组合： a）使用参考标准或标准物质进行验证； b）与其他方法所得的结果进行比较； c）检测检验机构间比对； d）对影响结果的因素作系统性评审； e）根据对方法的理论原理和实践经验的科学理解，对所得结果不确定度进行的评定。 当对已确认的非标准方法作某些改动时，应当将这些改动的影响制定成文件，适当时应当重新进行确认。		
5.4.5.2	按照预期用途对确认的方法进行评价时，方法所得值的范围和准确度应适应客户的需求。		
5.4.6	测量不确定度的评定		
5.4.6.1	进行内部校准的检测检验机构应具有并应用评定测量不确定度的程序，用以评定所有的校准和各种校准类型的测量不确定度。		
5.4.6.2	相关检测检验方法中有测量不确定度的要求时，检测检验机构应具有并应用评定测量不确定度的程序。某些情况下，检测检验方法的性质会妨碍对测量不确定度进行严密的计量学和统计学上的有效计算。这种情况下，检测检验机构至少应努力找出不确定度的所有分量且做出合理评定，并确保结果的报告方式不会对不确定度造成错觉。合理的评定应依据对方法特性的理解和测量范围，并利用诸如过去的经验和确认的数据。 某些情况下，检测检验方法规定了测量不确定度主要来源的值的极限和计算结果的表示方式时，检测检验机构应遵守该检测检验方法和报告的说明。		

续表

条款	核查内容	评审结果	评审说明
5.4.6.3	不确定度的来源包括所用的参考标准和标准物质、方法和设备、环境条件、检测检验对象的性能和状态以及操作人员等。在评定测量不确定度时，对给定情况下的所有重要不确定度分量，均应采用适当的分析方法加以考虑。		
5.4.7	数据控制		
5.4.7.1	应对计算和数据转移进行系统和适当的检查。		
5.4.7.2	当利用计算机或自动设备对检测检验数据进行采集、处理、记录、报告、存储或检索时，检测检验机构应确保： a）由检测检验机构开发的计算机软件应被制定成足够详细的文件，并对其适用性进行适当确认和记录，通用的商业现成软件（如文字处理、数据库和统计程序），在其设计的应用范围内可认为是经充分确认的，但检测检验机构对软件进行了配置或调整时，则应当进行确认并记录。可由下列方法确认计算机软件是适用的： ——使用前的运算确认； ——相关硬件或软件的定期再确认； ——相关硬件或软件改变后的再确认； ——需要时的软件升级； b）建立并实施数据保护的程序。这些程序应包括（但不限于）数据输入或采集、数据存储、数据传输和数据处理的原始性、完整性和安全保密性等； c）维护计算机和自动设备以确保其功能正常，并提供保护检测检验数据完整性所必需的环境和运行条件。		
5.5 设备			
5.5.1	检测检验机构应正确配备满足检测检验（包括抽样、物品制备、数据处理与分析）要求的所有抽样、测量和检测检验设备（包括软件）及标准物质，并对所有设备进行正常维护。 检测检验机构应有检查在用检测检验设备技术指标的程序。在用设备的完好率应为100%。 检测检验机构如果要使用永久控制之外的设备（租用、使用客户的设备），应确保满足本标准的要求。租用设备应由检测检验机构人员操作、维护、检定/校准，并对使用环境和贮存条件进行控制。使用客户的设备仅限于现场检测检验中不可携带的大型设备。		

续表

条款	核查内容	评审结果	评审说明
5.5.2	用于检测检验和抽样的设备及其软件应达到要求的准确度，并符合检测检验相应的标准规范要求。 未经定型的专用检测检验设备应经相关技术单位验证确认。无法验证确认的，可经专家论证确认。 对检测检验结果有重要影响的设备的关键量或值，应制定检定/校准计划。经检定/校准的设备应予以确认并保存确认记录。 设备（包括用于抽样的设备）在投入服务前应进行检定/校准或核查，以证实其能满足检测检验机构的规范要求和相应的标准规范要求。设备在使用前应进行核查或校准。		
5.5.3	重要的、关键的设备以及技术复杂的大型设备应由经过授权的人员操作。设备使用和维护的最新版说明书（包括设备制造商提供的有关手册）应便于有关人员取用。		
5.5.4	用于检测检验并对结果有影响的设备及其软件，均应加以唯一性标识。		
5.5.5	应保存对检测检验具有重要影响的设备及其软件的档案。该档案至少应包括： a）设备及其软件的名称； b）制造商名称、型式标识、系列号或其他唯一性标识； c）对设备是否符合标准规范的核查记录； d）当前位置（适用时）； e）制造商的说明书（如果有），或指明其地点； f）检定证书/校准报告； g）设备维护计划，以及已进行的维护和使用记录（适当时）； h）设备的任何损坏、故障、改装或修理记录； i）设备接收和启用日期。		
5.5.6	检测检验机构应具有购置、验收、安全处置、运输、存储、使用和维护设备的程序，以确保其功能正常并防止污染或性能退化。在检测检验机构固定设施以外的场所使用设备进行检测检验或抽样时，应制定附加的控制程序，确保安全运输和环境安全等。		

续表

条款	核查内容	评审结果	评审说明
5.5.7	曾经过载或处置不当、给出可疑结果，或已显示有缺陷、超出规定限度的设备，均应停止使用，并应予以隔离以防误用，或加贴标签、标记，以清晰表明该设备已停用，直至修复并通过检定/校准或核查表明能正常工作为止。检测检验机构应核查这些缺陷或偏离规定极限对过去进行的检测检验所造成的影响，并执行“不符合工作的控制”程序。		
5.5.8	检测检验机构需检定/校准的所有设备（包括标准物质），只要可行，应使用标签、编码或其他标识表明其检定/校准状态，包括上次检定/校准的日期、再检定/校准或失效日期。标识分为“合格”“准用”“停用”三种，通常以绿、黄、红三种颜色表示。黄色标签上应注明该设备准用或限用的范围。		
5.5.9	若设备脱离了检测检验机构的直接控制，检测检验机构应确保该设备返回后，在使用前对其功能和检定/校准状态进行核查，得到满意结果后方可使用。		
5.5.10	当需要利用期间核查以保持设备检定/校准状态的可信度时，应按照规定的程序进行。		
5.5.11	当设备经校准给出一组修正信息时，检测检验机构应确保有关数据得到及时修正，计算机软件也应得到更新，并在检测检验工作中加以使用。		
5.5.12	检测检验设备包括硬件和软件应得到保护，以避免出现致使检测检验结果失效的调整。		
5.6 测量溯源性			
5.6.1	总则 对检测检验和抽样结果的准确性或有效性有显著影响的设备，包括辅助测量设备（例如用于测量环境条件的设备），在投入使用前应进行检定/校准。检测检验机构应制定设备检定/校准的计划和程序，该计划应当包含对测量标准、用作测量标准的标准物质以及测量设备进行选择、使用、检定/校准、核查、控制和维护的系统。		

续表

条款	核查内容	评审结果	评审说明
5.6.2	溯源		
5.6.2.1	设备检定/校准计划的制定和实施应确保检测检验机构所进行的检测检验结果能溯源到国家或国际测量标准，应绘制量值溯源图。		
5.6.2.2	检测检验结果无法溯源到国家或国际测量标准的，检测检验机构应保留检测检验结果相关性或准确性的满意证据，如溯源到有证标准物质、公认的或约定的测量方法/协议标准，或通过比对等途径证明其测量结果与同类检测检验机构的一致性。		
5.6.3	标准物质		
5.6.3.1	标准物质 可能时，标准物质应溯源到 SI 单位或有证标准物质。只要技术和经济条件允许，应对内部标准物质进行核查。		
5.6.3.2	期间核查 应根据规定的程序和日程对标准物质进行核查，以保持其检定/校准状态的可信度。		
5.6.3.3	运输和储存 检测检验机构应有程序来安全处置、运输、存储和使用标准物质，以防止污染或损坏，确保其完整性。当标准物质用于检测检验机构固定设施以外的场所进行检测检验或抽样时，应制定附加的控制程序。		
5.7　抽样			
5.7.1	检测检验机构为后续检测检验而对物质、材料或产品进行抽样时，应有用于抽样的抽样计划和程序。抽样计划和程序在抽样的地点应能够得到。抽样计划应根据适当的统计方法制定，分析抽样对检测检验结果的影响，抽样过程应注意需要控制的因素，以确保检测检验结果的有效性。抽样程序应当对取自某个物质、材料或产品的一个或多个样品的选择、抽样计划、提取和制备进行描述，以提供所需的信息。		
5.7.2	当客户要求对已有文件规定的抽样程序进行添加、删减或有所偏离时，应详细记录这些要求和相关抽样信息，并纳入包含检测检验结果的所有文件中，同时告知相关人员。		

续表

条款	核查内容	评审结果	评审说明
5.7.3	当抽样作为检测检验工作的一部分时，检测检验机构应有程序记录与抽样有关的资料和操作。这些记录应包括所用的抽样程序、抽样人和供样人的识别、环境条件（如果相关）、必要时有抽样位置的图示或其他等效方法，如果适用，还应包括抽样程序所依据的统计方法。		
5.8 物品的处置			
5.8.1	检测检验机构应有用于检测检验物品的运输、接收、制备、处置、保护、存储、保留和（或）清理的程序，包括为保护检测检验物品的完整性以及检测检验机构与客户利益的规定。检测检验机构应有经授权的专职或兼职人员管理检测检验物品。应有分区明确的物品存放场所。		
5.8.2	检测检验机构应具有检测检验物品的标识系统，并在检测检验整个期间保留该标识。标识系统的设计和使用应确保物品不会在实物上或在涉及的记录和其他文件中混淆。如果合适，标识系统应包含物品群组的细分和物品在检测检验机构内外部的传递。检测检验机构应保存物品的流转记录。		
5.8.3	在接收检测检验物品时，应记录物品的状态特征、异常情况或与检测检验方法中所述正常（或规定）条件的偏离。当对物品是否适合于检测检验存有疑问，或当物品与所提供的说明不相符时，或对所要求的检测检验规定得不够详尽时，检测检验机构应在开始工作之前问询客户，予以明确，并记录讨论的内容。		
5.8.4	检测检验机构应有程序和适当的设施避免检测检验物品在存贮、处置和准备过程中发生退化、污染、丢失或损坏。应遵守随物品提供的处理说明。当物品需要被存放或在规定的环境条件下养护时，应保持、监控和记录这些条件。当一个检测检验物品或其一部分需要安全保护时，检测检验机构应对存放和环境的安全作出安排，以保护该物品或其有关部分的状态和完整性。 在检测检验之后需要重新投入使用的被检物品，需特别注意确保物品在处置、检测检验或存储/等待过程中不被破坏或损伤。 应当向负责抽样和运输物品的人员提供抽样程序，及有关样品存储和运输的信息，包括影响检测检验结果的抽样因素的信息。		

续表

条款	核查内容	评审结果	评审说明
5.9　结果质量的保证			
5.9.1	检测检验机构应有质量控制程序以监控检测检验的有效性。所得数据的记录方式应便于发现其发展趋势，如可行，应采用统计技术对结果进行审查。这种监控应有计划并加以评审，可包括（但不限于）下列方法： a）定期使用有证标准物质进行监控，和（或）使用次级标准物质开展内部质量控制； b）参加检测检验能力考核； c）使用相同或不同方法进行重复检测检验； d）对存留物品进行再检测检验； e）分析一个物品不同特性结果的相关性。 所选用的方法应当与所进行工作的类型和工作量相适应。		
5.9.2	检测检验机构应分析质量控制的数据，当发现质量控制数据超出预先确定的判据时，应采取有计划的措施来纠正出现的问题，并防止出现错误的结果。		
5.9.3	检测检验机构应建立和保持检测检验能力考核程序，并参加认定认可机构、国际组织、相关机构等组织开展的检测检验能力考核活动。		
5.10　结果报告			
5.10.1	总则 检测检验机构应准确、清晰、明确和客观地报告检测检验结果/判定结论，并符合检测检验方法的规定。结果应以检测检验报告的形式出具，并且应包括客户要求的、说明检测检验结果所必需的和所用检测检验方法要求的全部信息。 在与客户有书面协议的情况下，可用简化的方式报告结果。对于5.10.2至5.10.4中所列却未向客户报告的信息，应能方便地从检测检验机构中获得。		
5.10.2	基本要求		
5.10.2.1	每份报告应至少包括下列信息： a）标题（例如“检验报告”“检测报告”）； b）检测检验机构的名称和地址，进行检测检验的地点；		

续表

条款	核查内容	评审结果	评审说明
5. 10. 2. 1	c）报告的唯一性标识（如系列号）和每一页上的标识，以及报告结束的清晰标识； d）客户的名称和地址； e）所用标准或方法的识别； f）检测检验类别； g）检测检验对象的名称等描述、状态和明确的标识； h）检测检验对象的接收日期和进行检测检验的日期； i）如与结果的有效性或应用相关时，检测检验机构或其他机构所用的抽样方案和程序的说明（如进行煤自燃倾向性鉴定时的煤样）； j）检测检验的结果/判定结论； k）主检人员、审核人员、批准人的签名； l）必要时（如委托送检），结果仅与检测检验对象有关的声明； m）不对复制报告负责的声明； n）标注资质标志，加盖检测检验专用章（适用时）。		
5. 10. 2. 2	每份报告还应至少符合下列要求： a）检测检验的结果采用法定计量单位； b）有页码和总页数； c）由授权签字人批准。		
5. 10. 3	意见和解释		
5. 10. 3. 1	当需对检测检验结果提出解释时，除 5. 10. 2 中所列的要求之外，报告中还应包括下列内容： a）对检测检验方法的偏离、增添或删减，以及特定检测检验条件的信息，如环境条件； b）相关时，符合（或不符合）要求或规范的声明； c）当不确定度与检测检验结果的有效性或应用有关，或客户有要求，或不确定度影响到对规范限度的符合性时，报告中还应包括有关不确定度的信息； d）适用且需要时，提出意见和解释； e）特定方法、客户或客户群体要求的附加信息。		

续表

条款	核查内容	评审结果	评审说明
5. 10. 3. 2	当需对检测检验结果做出解释时，对含抽样结果在内的报告，除了5. 10. 2 和 5. 10. 3. 1 所列的要求之外，还应包括下列内容： a）抽样日期、抽样人和供样人； b）抽取的物质、材料或产品的清晰标识（适当时，包括制造者的名称、标示的型号或类型和相应的系列号）； c）抽样位置，包括简图、草图或照片； d）所用的抽样方案和程序； e）抽样过程中可能影响检测检验结果的环境条件的详细信息； f）与抽样方法或程序有关的标准规范，以及对这些标准规范的偏离、增添或删减。		
5. 10. 3. 3	当含有意见和解释时，检测检验机构应将意见和解释的依据制定成文件。意见和解释应在报告中清晰标注。 报告中包含的意见和解释可以包括（但不限于）下列内容： a）对结果符合（或不符合）要求的意见； b）履行合同的情况； c）如何使用结果的建议； d）改进的建议。 许多情况下，通过与客户直接对话来传达意见和解释或许更为恰当，但这些对话应有文字记录。		
5. 10. 4	从分包方获得的检测检验结果 当报告包含了由分包方出具的检测检验结果时，这些结果应予以清晰标明。检测检验机构应要求分包方提供合法的书面和电子检测检验报告。		
5. 10. 5	结果的电子传送 当用电话、传真或其他电子或电磁方式传送检测检验结果时，应满足本标准对数据控制的要求。 必要时，检测检验机构应将检测检验数据、结果等及时、准确、规范、完整地电子传送到相关安全生产检测检验机构信息查询系统。		

续表

条款	核查内容	评审结果	评审说明
5. 10. 6	报告的格式 报告的格式应设计成适用于所进行的各种检测检验类型，并尽量减小产生误解或误用的可能性。 同一检测检验机构内报告格式应尽可能统一，报告编排应合理，尤其是检测检验数据的表达方式，应易于读者理解。		
5. 10. 7	报告的修改 对已发布的报告的实质性修改，应以追加文件或更换报告的形式，并应包括如下声明： “对系列号……（或其他标识）报告的补充”，或其他等效的文字形式。 报告修改应满足本标准的所有要求。 当有必要发布全新的报告时，应注以唯一性标识，并注明所替代的原件及其唯一性编号。		

评审专家（签名）：______________________ 日期：____年__月__日

附件 4 任务编号：__________

不符合项/观察项记录表

被评审部门/岗位：____________________ 陪同人：____________

判定依据：□ AQ/T 8006—2018《安全生产检测检验机构能力的通用要求》

□ 管理体系文件 □ 检测检验标准（方法）

____

事实描述：____

____

____

____。

结论：上述事实为一个

□ 不符合项，与判定依据的第____________ 规定不符合。

要求被评审机构采取纠正/纠正措施

□ 观察项，应引起被评审机构注意

纠正/纠正措施将通过下列方式验证：

□ 提供必要的文件和见证材料

□ 现场跟踪

□ 其他________________

评审专家（签名）：__________________

日 期：______年____月____日

评审组组长（签名）：________________

被评审机构确认意见：

□ 确认

□ 不确认，原因：____。

被评审机构主要负责人（签名）：________________

日 期：_____年____月____日

附件 5　　任务编号：__________

评审工作日程表

<table>
<tr><td>被评审机构名称</td><td colspan="4"></td></tr>
<tr><td>主要评审内容</td><td colspan="4"></td></tr>
<tr><td>评审专家</td><td colspan="4"></td></tr>
<tr><td>主要陪同人员</td><td colspan="2"></td><td>联系电话</td><td></td></tr>
<tr><td>日期</td><td>时间</td><td colspan="2">评审活动内容</td><td>评审区域</td></tr>
<tr><td></td><td></td><td colspan="2"></td><td></td></tr>
</table>

评审组组长（签名）：________________________　　日期：____年__月__日

附件 6 任务编号：___________

评审专家公正性、保密与廉洁自律声明

一、概况

1. 被评审机构名称：______________________________

2. 评审类型：☐ 初次 ☐ 变更 ☐ 增项 ☐ 延续 ☐ 其他_________

3. 评审日期：____年__月__日至____年__月__日

二、声明承诺事项

1. 本人自愿参加此次评审工作，并已知晓有关工作内容、要求及有关规定。

2. 本人没有向该被评审机构提供过与评审有关的咨询服务。

3. 本人没有与该被评审机构发生直接的行政、经济、商务及其他利益关系。

4. 本人承诺：

4.1 以客观、公正和科学、严谨的态度从事评审工作，以客观事实为依据，不徇私舞弊，如实上报评审结果，对相关情况不隐瞒，不漏报；

4.2 严格按照评审程序实施评审，不擅离职守或擅自缩减评审内容、过程和时间；

4.3 未经许可，不泄露在评审过程中获得的被评审机构相关信息；

4.4 不利用评审工作便利为个人和他人谋取不正当利益；

4.5 不从事任何营利性活动，如对被评审机构进行咨询、培训或推销等活动；

4.6 不收取被评审机构提供的任何费用；

4.7 不接受被评审机构赠送的礼品、有价证券和安排的宴请、旅游、娱乐活动；

4.8 不向被评审机构报销应由个人支付的费用；

4.9 不在评审工作期间饮酒。

5. 本人对所承担的评审结果负责，并愿意承担因工作失误而引发的法律连带责任。

6. 如违反评审工作的有关要求、规定及上述声明，本人自愿接受处罚。

三、声明签署人

序号	签名	日期	序号	签名	日期
1			5		
2			6		
3			7		
4			8		

附件 7

任务编号：____________

评审会议签到表

<table>
<tr><td colspan="2">被评审机构名称</td><td colspan="4"></td></tr>
<tr><td colspan="2">会议名称</td><td colspan="4">☐ 首次会议　☐ 末次会议　☐ 座谈会</td></tr>
<tr><td colspan="2">时间</td><td colspan="4">___年_月_日　___时___分至___时___分</td></tr>
<tr><td colspan="6">被评审机构人员</td></tr>
<tr><td>签名</td><td>职务</td><td>签名</td><td>职务</td><td>签名</td><td>职务</td></tr>
<tr><td></td><td></td><td></td><td></td><td></td><td></td></tr>
<tr><td></td><td></td><td></td><td></td><td></td><td></td></tr>
<tr><td></td><td></td><td></td><td></td><td></td><td></td></tr>
<tr><td></td><td></td><td></td><td></td><td></td><td></td></tr>
<tr><td></td><td></td><td></td><td></td><td></td><td></td></tr>
<tr><td></td><td></td><td></td><td></td><td></td><td></td></tr>
<tr><td colspan="6">评审专家</td></tr>
<tr><td>签名</td><td colspan="2">评审组职务</td><td>签名</td><td colspan="2">评审组职务</td></tr>
<tr><td></td><td colspan="2"></td><td></td><td colspan="2"></td></tr>
<tr><td></td><td colspan="2"></td><td></td><td colspan="2"></td></tr>
<tr><td></td><td colspan="2"></td><td></td><td colspan="2"></td></tr>
<tr><td></td><td colspan="2"></td><td></td><td colspan="2"></td></tr>
<tr><td colspan="6">参加会议领导及相关人员</td></tr>
<tr><td>签名</td><td colspan="3">单位</td><td colspan="2">职务</td></tr>
<tr><td></td><td colspan="3"></td><td colspan="2"></td></tr>
<tr><td></td><td colspan="3"></td><td colspan="2"></td></tr>
<tr><td></td><td colspan="3"></td><td colspan="2"></td></tr>
</table>

附件 8

任务编号：__________

被评审机构廉洁自律声明

<table>
<tr><td>被评审机构名称</td><td></td><td>联系人</td><td></td></tr>
<tr><td>现场评审日期</td><td>____年__月__日至
____年__月__日</td><td>联系电话</td><td></td></tr>
<tr><td>评审类型</td><td colspan="3">□ 初次 □ 变更 □ 增项 □ 延续 □ 其他__________________</td></tr>
<tr><td colspan="4">本机构做到了：
1. 未给予评审专家任何费用，包括有价票证、礼品券；
2. 未给予评审专家礼品；
3. 未安排过度的接待，包括食宿、旅游和其他娱乐活动；
4. 未为评审专家在评审期间的就餐安排饮酒；
5. 未为评审专家的任何亲友做任何接待安排；
6.（适用时）未接受评审专家任何不符合上述规定及国家有关廉政规定的要求，并向相关部门做了反映。

本机构保证上述声明的真实性，如有虚假内容，愿意接受被资质认可机关中止认可、暂停或撤销资质等处理决定。

被评审机构法定代表人（签名）：__________________

日期：____年__月__日
被评审机构（盖章）：</td></tr>
</table>

说明：

1. 此表应由评审组组长现场交于被评审机构；
2. 请被评审机构实事求是地填写，并签名、盖章完整。在现场评审结束后 10 个工作日内，寄送至资质认可部门。

参 考 文 献

[1] AQ/T 8006—2018 安全生产检测检验机构能力的通用要求. 北京：煤炭工业出版社，2018

[2] 实验室认可评审员培训教程. 中国合格评定国家认可委员会编. 北京：中国计量出版社，2003

[3] 实验室资质认定工作指南. 国家认证认可监督管理委员会编. 北京：中国计量出版社，2007

[4] 实验室认可与管理基础知识. 中国实验室国家认可委员会编. 北京：中国计量出版社，2003